AF546464

Josef H. Reichholf

Haustiere

Unsere nahen und doch so fremden Begleiter

NATURKUNDEN

The greatness of a nation
and its moral progress
can be judged by the ways
its animals are treated.
MAHATMA GHANDI

NATURKUNDEN NO. 39

herausgegeben von Judith Schalansky
bei Matthes & Seitz Berlin

Inhalt

Zum Entstehungskontext des Buches

Ein Drittel aller deutschen Haushalte wird auch von Tieren bewohnt. Diese geliebten und zugleich dominierten Lebewesen bestimmen den menschlichen Lebensraum und Alltag entscheidend mit. Umgekehrt formen Zucht und das Zusammenleben mit dem Menschen das Tier nach seinen Vorstellungen: Darum enthält eine Aussage über das Haustier immer auch Hinweise auf den Menschen selbst.

Diesem Thema hat das Deutsche Hygiene-Museum die Ausstellung Tierisch beste Freunde. Über Haustiere und ihre Menschen *gewidmet. Sie zeichnet die Entstehung des Haustiers nach und zeigt den langen vorausetzungsreichen Weg von Wolf, Falbkatze oder Wildhamster in die Wohnzimmer. Tiere leben seit Jahrtausenden mit Menschen zusammen. Zunächst werden sie gegessen, später dienen sie auch als Jagdhelfer oder Prestigeobjekte. In breite Gesellschaftsschichten zieht das Haustier jedoch erst mit der Industrialisierung ein: Im 19. Jahrhundert strömen Menschen in die Städte, aus denen die Nutztiere parallel verdrängt werden. Zugleich steigt die Bedeutung der Familie, in der eine neue Form der emotionalen Beziehung zwischen Tier und Mensch gelebt wird, wovon historische Familienportraits künden, die Adelige, Bürger und ihre tierischen Gefährten zeigen. Darüber hinaus widmet sich die Ausstellung dem Menschen im Verhältnis zu seinem Haustier. Zentrale menschliche Bedürfnisse zeigen sich im Umgang mit dem Haustier wie unter einem Vergrößerungsglas. Viele Erwartungen des Menschen an Haustiere stimmen mit seinen Ansprüchen an seine Mitmenschen überein – nur dass sie den Tieren gegenüber ungehemmter zum Ausdruck gebracht werden. Was aber halten die Haustiere selbst vom Leben mit ihren Menschen? Über diese Frage lässt sich in einem Ausstellungsraum mithilfe einer Virtual-Reality-Brille spekulieren, mit der man sich aus mutmaßlicher »Vogelperspektive« beobachten kann. Dieses Wahrnehmungsspiel leitet über Arbeiten zeitgenössischer Kunst und Dokumentationen alternativer Lebensmodelle zu Fragen über, die das Verhältnis von Mensch und Tier ganz grundsätzlich betreffen: Warum verteilen wir unsere Zuneigung zwischen Haus- und Nutztieren so ungleich? Können wir Tieren überhaupt gerecht werden – oder übertragen wir nur unsere eigene Vorstellung von einem glücklichen Leben auf sie? Welche rechtlichen und kulturellen Konsequenzen hätte eine völlige Gleichberechtigung von Mensch und Tier?*

DEUTSCHES HYGIENE-MUSEUM

Leben mit Tieren
Eine Vorbemerkung

Mit »Wauwau« und »Miau« fängt meistens unser Wissen über Tiere an. »Muh«, die Kuh, kommt bald dazu. Pferd zu sagen fällt Kleinkindern schwer. Regional behilft man sich mit dem »I-haha«. Lautmalerisch werden auch Huhn und Hahn kennengelernt, was aber fast nur noch auf dem Land geschieht. Ist in der Familie kein Hund oder keine Katze vorhanden, erhalten die Kinder häufig ein eigenes Haustier, ein Meerschweinchen oder einen Goldhamster, vielleicht schon im Vorschulalter. Zum Streicheln. Das mag die Katze aber lieber. Wir leben so selbstverständlich mit Haustieren, dass man meinen könnte, es müsse immer so gewesen sein, zumindest seit die Menschen ihren Lebensstil als Jäger und Sammler aufgegeben und angefangen haben, in mehr oder weniger festen Behausungen zu wohnen. Seither sind sie tatsächlich an unserer Seite, die Haustiere. Die bekanntesten zumindest. Was wäre auch ein Haus ohne Tiere? Ein Gebäude, in dem wir wahrscheinlich gar nicht leben möchten, kommt doch die Intensivstation eines Krankenhauses dem Zustand eines tierfreien Hauses am nächsten. Tiere werden nur dort ferngehalten, wo das Menschenleben in höchster Gefahr ist. Bessert sich der Zustand schwer Erkrankter, werden Hund oder Katze wieder zugelassen. Sie helfen bei der Genesung. Streicheln tut gut. Zu wissen, dass der Hund oder die Katze noch da sind und die Rückkehr nach Hause erwarten, fördert die Selbstheilungskräfte des Körpers. Und hält den Lebenswillen alter Menschen oft besser aufrecht als die Angehörigen und andere Menschen. Als meine Großmutter bettlägerig geworden war, schlief sie am tiefsten, wenn unsere Katze unter die Decke schlüpfte und sich an ihren Rücken legte. Die Katze hatte freien Auslauf in den Garten und hinaus auf die Wiesen. Dennoch kam sie fast jede Nacht und oftmals auch am Tag, um sich zur Großmutter zu legen. Was geht da in einem Tier vor, wenn es so etwas macht?

Das fragen sich Menschen, die Haustiere halten, gewiss immer wieder. Besonders dem Hund oder der Katze sind viele emotional stärker verbunden als

Mitmenschen. In unserer Gesellschaft werden Milliardenbeträge für die Haltung der Haustiere ausgegeben; auch für deren medizinische Versorgung. Hunden und Katzen ging es hierzulande noch nie so gut wie in unserer Zeit. Sie partizipieren am Überfluss. Auch die Pferde erfreuen sich bislang unbekannten Wohlseins. Mit ihnen wird ähnlich viel gemeinsam unternommen wie mit einem Hund – oder gar noch mehr. Dieser Zustand ist neu. Noch in der ersten Hälfte des 20. Jahrhunderts kamen Millionen Rösser im Krieg ums Leben. An den Pferden zeigt sich der Wandel der allgemeinen Haltung gegenüber den Haustieren besonders gut. So manches der etwa 1,2 Millionen Pferde, die es derzeit in Deutschland gibt, kann es kaum erwarten, geritten zu werden. Jedes kennt den Besitzer oder Betreuer und kommt ihnen von selbst entgegen. Reiter, Pferdefreunde ganz allgemein, halten es für geradezu natürlich, dass Pferde uns vertrauen. Sie sind sichtlich gern mit den Menschen zusammen. Wie anders war das noch vor einigen Jahrzehnten mit den Zugpferden! Für die allermeisten war das Leben eine Tortur. In meiner Kindheit erlebte ich, wie mit der Peitsche auf sie eingeschlagen wurde, obwohl sie gingen und zogen. Die Schläge waren heftiger, wenn die Lasten schwer wurden. Warum die Bauern die Pferde so behandelten, verstand ich nicht. Gut, dass nunmehr Motoren die lebendigen Pferdestärken ersetzen. Dabei hätten die PS-starken Traktoren der Existenz der Zugpferde beinahe ein Ende gemacht. Die Pferdehaltung ging rapide zurück. Denn Tiere müssen Nutzen bringen. Sie sind ›Nutz-Tiere‹ und sollen sich rechnen. Der weitaus größte Teil der Haustierbestände, die vielen Millionen Rinder und Schweine, Hühner und Gänse, gehören in diese Kategorie. Hund, Katze und andere Kleintiere hat man in ›Heimtiere‹ umbenannt, die Zweideutigkeit von ›Heim‹ nicht mitbedenkend. Ihr Nutzen ist anders gelagert. Er steckt in ihrer emotionalen Qualität. Kommerziell rechnet sich dieses Segment allerdings sehr wohl, und zwar über die Masse an erwerblichen Konsum-, Unterhaltungs- und Pflegeartikeln. Wer verlockend angepriesenes Futter für den Hund einkauft oder sich überlegt, was man für die heikle Katze wählen könnte, damit sie keine Schnute zieht und zu verstehen gibt, dass das Mitgebrachte für sie eine Zumutung ist, denkt kaum jemals darüber nach, woher das Tierfutter kommt, wer es mit welchen Ingredienzien produziert hat und wie viele Menschen ihr Einkommen aus dem Geschäft mit Heimtieren schöpfen. Besonders die schier unfassbare Menge und Vielfalt an Kleintieren, die für die Haltung in Haus und Wohnung angeboten werden, schlägt hier zu Buche. Schildkröten und Schlangen gehören dabei noch nicht einmal zu den exotischsten Optionen. Es gibt handzahme Skorpione, Vogelspinnen und anderes Getier, das nicht gerade zum Streicheln verleitet.

Den kleinen Felltieren wird besonders große Zuwendung zuteil. Katzen, Zwergkaninchen (›Häschen‹) und Meerschweinchen stehen an der Spitze der geliebten Streicheltiere. Kinder brauchen Tiere! Nicht von ungefähr ducken sich unter Kinderhänden Millionen Meerschweinchen und Zwergkaninchen, die im Überschwang der Gefühle geliebkost werden. Ein Schmusetier wird umso wichtiger, je weniger Spielgefährten das Kind hat. Der Familienhund ersetzt Geschwister, für viele Stunden oft auch die Eltern. Er wird zum Freund, zum Tröster in kindlichen Krisen und natürlich auch zum Helfer Erwachsener bei der Bewältigung von Lebensproblemen. Nichts lindert die Alterseinsamkeit so gut und so zuverlässig wie ein Hund. Ganz allgemein scheinen Menschen Tiere zu brauchen. Und aus der Art, wie sie mit ihren Haustieren umgehen, lässt sich viel über das Wesen der Menschen erfahren. Meistens, wenn auch nicht immer, trifft diese Annahme zu. All das ist wohlbekannt. Viel weniger wissen wir aber über die andere Seite, die Seite der Tiere. Wie kamen sie dazu, sich mit uns Menschen einzulassen? Wie wurden sie ›Haus-Tier‹?

Schlagen wir dazu in Büchern nach oder forschen wir im Internet nach Antworten, finden wir kaum etwas außer mehr oder minder ungefähre Angaben, wann bei der betreffenden Art die Haustierwerdung begonnen haben könnte. Genaueres ist weitgehend unbekannt. Daher wird viel diskutiert und immer wieder revidiert. Wurde der Hund in Ostasien oder Europa und erst vor gut 10 000 Jahren oder schon vor mehr als 40 000 Jahren domestiziert? Sogar die einstige Stammart eines Haustiers ist mitunter umstritten. Gab es nur eine Art Wildrind und Wildpferd, aus der Hausrinder und Hauspferde gezüchtet wurden? Oder waren es jeweils zwei verschiedene Wildtierarten? Neue Ergebnisse der Forschung zwingen zu Änderungen. So gilt jetzt ein zweifacher Ursprung der Hauskatze als sehr wahrscheinlich. Unsere gewöhnliche Schmusekatze soll aus Domestikationen in Ägypten und in der Türkei hervorgegangen sein. Unsere ursprünglich in Europa weitverbreitete Wildkatze hatte nichts dazu beigetragen, außer bei einigen wenigen Kreuzungen mit verwilderten Hauskatzen. Die Miezen, deren es allein in Deutschland mehr als zehn Millionen gibt, sind also Nordafrikaner und Vorderasiaten. Kein Wunder, dass sie Kachelöfen und Betten mögen, wenn es bei uns Winter geworden ist. Vielleicht war auch die Hundwerdung des Wolfes kein Einzelereignis, sondern ein Vorgang, der lange Zeit andauerte und an verschiedenen Orten ablief?

Andere Fragen schließen sich an. Warum haben wir nur so wenige Arten von (echten) Haustieren? Waren nur einige Tierarten für die Domestikation geeignet? Und wenn ja, warum? Weshalb wird auf Pferden geritten, aber nicht auf Zebras? Warum weiden Millionen Kühe auf der nordamerikanischen Prärie und nicht, außer in einigen Reservaten, die dort heimischen Bisons als Super-Rinder? Ihr Fleisch bietet mindestens die Qualität von Rindfleisch, wenn nicht eine höhere. In Afrika könnten die Massai Gnus anstelle der Rinder herumführen, die zweifellos nicht nur in der Serengeti bestens zurechtkommen, sondern auch mit Löwe und Co als natürlichen Feinden. In Australien hätten die großen Kängurus die Schafe ersetzen können. Viele Tiere wären als Haustiere denkbar, aber nur sehr wenige sind tatsächlich domestiziert worden. Gab es eine spezielle Eignung gewisser Gebiete für die Züchtung von Haustieren und besonders günstige Zeiten, in denen das möglich war? Warum geschah vor Tausenden von Jahren viel, in neuerer Zeit aber praktisch nichts mehr, abgesehen von der Domestikation des Syrischen Hamsters zum Goldhamster und von der gezielten, mitunter recht extremen Züchtung von Rassen längst vorhandener Haustiere? Warum stellte das an großen Tieren so reiche Afrika so wenige Haustiere, Amerika kaum welche und Australien gar keine, denn der Dingo, der Hund, den es vor Eintreffen der Europäer dort schon gab, ist kein indigener Australier. Fast alle domestizierten Tiere stammen tatsächlich aus einer Zone, die sich von Zentralasien über Vorderasien bis Nordostafrika (Ägypten) erstreckt. Eigneten sich die dort von Natur aus vorhandenen Tiere besonders gut für die Domestikation? Oder lag es an den zu jener Zeit in dieser Region lebenden Menschen, dass es gelang, Hund, Rind, Pferd, Schaf und Ziege in die Knechtschaft zu zwingen? Die aus den Wildformen gezüchteten Haus- und Nutztiere bildeten anfänglich einfach lebende Fleischreserven. Wie schafften es Menschen vor Jahrtausenden, solche Wildtiere einzufangen und sie einzusperren? Warum wehrten sich die Wölfe nicht mit ihren zähnestarrenden Gebissen gegen die Gefangennahme, die Wildrinder und Wildpferde nicht mit Hufschlägen gegen die Unterjochung? Das Ergebnis, die Domestikation, verrät fast nichts darüber, wie und warum sie zustande kam. Die seit Urzeiten gejagten Wildtiere taten gut daran, vor den Menschen zu fliehen. Überall entwickelten sie eine Urangst vor diesem gefährlichsten aller jemals lebenden Raubtiere. Das Gegenstück dazu, das Urvertrauen, blieb nur an wenigen, ganz entlegenen Orten erhalten. Wir bestaunen paradiesische Zustände, wie sie etwa noch auf den Galapagosinseln herrschen, wahrscheinlich ohne darüber nachzudenken, weshalb wir Vorstellungen vom Paradies entwickelt haben. Hätten die Menschen von jeher mit den Tieren gut zusammengelebt, wäre das Wunschbild vom Paradies wahrscheinlich nie entstanden.

Scheu der Wildtiere und Elend der Haustiere, insbesondere all jener, die wie lebende Eier-, Fleisch- oder Milchmaschinen funktionieren müssen, drücken in aller Deutlichkeit aus, wie katastrophal unser Umgang mit den Tieren war und den Tierschutzgesetzen zum Trotz immer noch ist. Alles, was Beine hat zu laufen oder Flügel zu fliegen, sollte das Weite suchen, wo sich Menschen blicken lassen. Das wäre doch die plausible Schlussfolgerung! Und es wäre überhaupt nicht verwunderlich, würden sich zumindest die größeren Tiere so verhalten. Doch erstaunlicherweise scheint das Gegenteil der Fall zu sein. Viele Tiere, die allermeisten Arten der Säugetiere und sogar Vögel, zieht es zu den Menschen hin. Sie kommen von sich aus in unsere Welt, versuchen darin zu leben und sich mit uns zu arrangieren. Deshalb können wir keine klaren Grenzen ziehen, welche Arten nun eigentlich zu den Haustieren zu rechnen sind und welche nicht. Zwischen den echten, vom Menschen gezüchteten Haustieren und den reinen Wildtieren gibt es ein breites, sehr artenreiches Übergangsfeld. Man könnte sogar vermuten, dass sich die Vorfahren der Haustiere einst von sich aus in die Gefangenschaft begeben hatten. Eine absurde Idee? Die Haustierwerdung wird umso rätselhafter, je mehr man sich damit befasst. Spannende Geschichten stecken dahinter. Und viel Unverstandenes fordert die Forschung heraus. Sehen wir uns am besten das Spektrum der gängigen Haustierarten etwas genauer an.

Welche Tiere sind eigentlich Haustiere?

Mit Hund und Katze, Kuh und Pferd sowie ein paar anderen Tieren ist das Spektrum der Haustiere bei Weitem nicht abgedeckt, zumal wenn wir die Tiere, die bei und mit uns leben, nicht auf die seit Jahrtausenden gezüchteten Formen beschränken. Auch die bereits erwähnte Trennung in Nutz- und Heimtiere hilft nicht sehr viel weiter, weil ein Nutzen, der vom Streicheln einer Katze ausgeht, für manche Menschen sicherlich viel höher zu veranschlagen ist als der Ertrag einer Kuh, ob man nun Milch trinkt und Fleisch mag oder nicht. Wir müssen akzeptieren, ohne klare Einteilungen auszukommen, denn in der Natur gibt es keine Schubladen und Fächer, in die wir unsere Vorstellungen sonst so gerne ablegen, um Ordnung zu schaffen und den Inhalt griffbereit zu halten. Fließende, oft kaum merkliche Übergänge sind die Norm, nicht die Abgrenzung. Deshalb folgt die Reihung der im Anschluss portraitartig behandelten Arten tatsächlich mehr unserem Empfinden als festen Definitionen. Dementsprechend soll die Unterteilung in Heim- und Nutztiere sowie Mitbewohner auch lediglich eine Hilfestellung zur Orientierung bieten; die meisten behandelten Tierarten lassen sich ohnehin allen drei Gruppierungen zuordnen, je nachdem, wo und wie wir sie betrachten. So ist der Hund bei der in Deutschland üblichen Hundehaltung in der großen Mehrzahl zweifellos ein Heimtier, aber auch Nutztier im Einsatz und andernorts, wie in Ostasien und Ozeanien, durchaus auch Fleischtier. Die Mehrzahl der Hunde lebt global betrachtet zudem nur locker an die Menschen und ihre Häuser gebunden und würde eher dem Typ des ›Mitbewohners‹ entsprechen, der sich in der Art der den Menschen auf Abstand bleibenden Ernährungsweise nur wenig von Mardern oder Ratten unterscheidet.

Dennoch sind die drei Großgruppen hilfreich. Denn sie signalisieren die Art der Beziehung der betreffenden Tiere zum Menschen und wie dieser auf sie einwirkt. Was uns als richtiges Haustier oder Nutztier gilt, unterliegt zumeist einer intensiven Züchtung. Dabei wird die freie Möglichkeit zur Paarung unterbunden oder zumindest stark eingeschränkt. So kommen Rassen zustande, für die häufig auch bezeichnende Merkmale oder regelrechte Rassen-Standards festgelegt sind. Die Beschränkung der Fortpflanzung wird eines der Kernthemen bei der Behandlung der Frage sein, wie die Domestikation zustande gekommen ist (sein könnte, besser ausgedrückt). Sie wird in der abschließenden Übersicht nach dem Artenteil behandelt. Bei den Nutztieren ist die Züchtung auf Leistung besonders ausgeprägt; Entsprechendes gilt für die (neueren) kleinen Heimtiere in Bezug auf ihre Tauglichkeit für Kinder und die Fähigkeit zur Haltung im Zimmer.

Was Nutztiere sind, ist ziemlich klar. Doch wie verhält es sich mit den anderen Haustieren, den Heimtieren und den Mitbewohnern unserer privaten Lebenswelt? Bei den meisten Arten, die wir als Haustiere klassifizieren, handelt es sich um ›haarige‹ Säugetiere. Aus der Vogelwelt kommen nur wenige Haustierarten. Allerdings wird eine große Vielfalt von sogenannten Zier- oder Stubenvögeln in Käfigen gehalten. Sie sind schlicht und einfach eingesperrt und somit gezwungen, gekäfigt zu leben. Die Stubenvögel können nicht, wie (früher bei uns und heute noch in manch anderen Ländern) die Hühner, Enten und Gänse draußen am Hof frei herumlaufen oder zum Dorfteich wackeln. Weitgehend bis gänzlich unabhängig von unserer Neigung und dem Ansinnen, sie auszunutzen, existieren zahlreiche Tierarten, die Haus und Hof und sogar ganz direkt uns Menschen zum Wohnraum erkoren haben. Sie passen in die (wiederum recht grobe) Kategorie der ›Mit-Esser‹ (Kommensalen und Parasiten). Vielfach, meistens sogar, werden sie als Schädlinge betrachtet und, ebenfalls meistens, ziemlich erfolglos bekämpft. Schließlich beschreiben Haus und Hof den räumlichen Bestimmungsrahmen für die mit uns lebenden Tiere nicht einmal ausreichend. So geht der Haushalt doch kontinuierlich über in die Gärten, in Ortschaften und Städte oder die ganze Kulturlandschaft. Arten, die sich darin eingefunden haben, werden Kulturfolger genannt. Halten sie sich wiederum enger an Menschen und ihre Gebäude, bezeichnet man sie als Synanthropen. Der Fachbegriff kommt von *syn* (mit) und *anthropos* (Mensch).

Der hier verwendete Begriff Haustier wird also ziemlich weit gefasst; so weit, dass nachvollziehbar wird, wie einstens völlig frei und unabhängig vom Menschen lebende Tiere zu Haustieren werden konnten. Die nachfolgende Reihung der Arten ergibt sich zwanglos daraus. Es wäre durchaus auch vorstellbar, die Tiere nach der Beliebtheitsskala zu reihen. Katze und Hund würden sie anführen,

Flöhe, Wanzen und Spinnen kämen auf die letzten Plätze. Das Ergebnis wäre somit eine Liste der Vorurteile. Nehmen wir besser die Haustiere als das, was sie sind: interessante Lebewesen mit erstaunlichen Eigenschaften und Fähigkeiten und Mitwirkende an unserer eigenen Geschichte, der Kulturgeschichte.

Eine besondere Menagerie: unsere Haustiere

Hund

Der Hund gilt als der beste Freund des Menschen. ›Du Hund‹ ist dennoch kein Lob und ein ›fauler Hund‹ zu sein nicht schmeichelhaft. Sich ›hündisch geben‹ sollte man tunlichst vermeiden, wie auch als Chef nicht allzu sehr herumbellen. Das Bellen ist dem Hund angezüchtet worden. Der Wolf, von dem er abstammt, bellt wenig bis gar nicht, sondern singt in schaurig-schöner Weise, was Hunde meistens nur dann noch stümperhaft tun, wenn sie den Mond anheulen oder die Sirenensignale von Rettungswagen hören. Es gibt zudem höchst verschiedene Typen von Hunden, wie Schoßhunde, Jagdhunde, Polizei- und Kampfhunde, Bluthunde, Windhunde, Nackthunde und andere durch Züchtung deformierte, denen man nur wünschen kann, dass ihnen die Fähigkeit zur Selbsterkenntnis fehlt. Sie müssten an ihrem Spiegelbild verzweifeln.

Aus dieser verworrenen Situation ergibt sich zwangsläufig die Frage: Wie kam der Mensch auf den Hund? Was geschah dem wilden, vielfach bewunderten Wolf, dass er sich in ein hündisches Dasein zwingen ließ? Dackelbeinig niedrig und im Körper verlängert worden zu sein, hat gewiss nichts mit ›Tieferlegen‹ für mehr Sportlichkeit zu tun, vom um Atem ringenden Mopsgesicht ganz zu schweigen. Respekt würden dem Wolf aber manche Hunderiesen einflößen, vor denen er den Schwanz, jägerisch Rute genannt, einziehen würde, um dann auf die Schnelligkeit seiner Beine zu vertrauen. Als unerhörte Gemeinheit müssten Wölfe es empfinden, dass kampfstarke und beißkräftige Nachfahren gleichsam die Seiten gewechselt haben und ohne Beachtung der uralten Verbindung Schafe hüten, anstatt sie zu fressen, und Wölfe wegbeißen, die doch ihrer Natur nach Schafe zu jagen haben.

Dass hinter solchen Teufeleien der Mensch steht, liegt auf der Hand. Kein Wolf hätte jemals von sich aus darauf kommen können, Lämmer zu hüten und Artgenossen davonzujagen. Während solche für das Wolfsleben untaugliche Missgeburten von den Wölfen aus dem Rudel entfernt und gar gefressen worden wären, vermehrt man sie in der bizarren Menschenwelt gezielt weiter. Wie gut, dass es doch auch viele mehr oder weniger frei lebende Hunde gibt, die zwar Streuner oder Paria genannt werden, was ihren Qualitäten aber keinen Abbruch tut! So ein Resümee könnte man dem Wolf durchaus in die Schnauze legen, wenn er darüber nachsinnt, was aus früheren Wolfsnachkommen geworden ist. Gemacht worden ist, müsste es richtiger heißen ...

Wer einen Hund hat, und das ist rund ein Fünftel der Bevölkerung Deutschlands, sieht das natürlich ganz anders. Ihr Hund ist der Beste, Liebste, manchmal auch der Schönste weit und breit. Beißt er, war der Mensch schuld. Stinkt er, liegt es am Wetter oder an seinem Alter. Verhält sie sich merkwürdig, ist sie läufig, was doppelt so oft wie beim Wolf vorkommt, nämlich meistens zweimal im Jahr. Dass die Rüden dann keine Kleine, sondern eine Große Nachtmusik anstimmen, liegt in ihrer Natur, die anders als beim Wolf zur Paarung allzeit bereit ist. Kinder, auch Kleinkinder, werden dem Hund oft ganz selbstverständlich anvertraut, obwohl bekannt ist, dass man sich längst nicht immer darauf verlassen kann, dass er Kinder mag und beschützt. Viele schwere ›Unfälle‹ mit Hunden betreffen Kinder. Immer wieder einmal werden die Kleinen sogar totgebissen. Es gibt nur wenige verlässliche Statistiken, die über die Häufigkeit von Hundebissen Aufschluss geben. Allein in Deutschland geht ihre Zahl in die Zehntausende pro Jahr. Auch Menschen werden von Hunden durchaus nicht selten getötet; in Mitteleuropa sind es alljährlich ein bis zwei Fälle. Jedenfalls viel, viel mehr, als Menschen Wölfen zum Opfer fallen. Dennoch gilt der Wolf und nicht der Hund als (lebens)gefährlich. Zwischen Wolf und Hund liegen für die allermeisten Menschen Welten, genetisch gesehen sind die Hunde jedoch eindeutig Wölfe. Nicht vom Goldschakal oder einer anderen Art der Caniden (d. h. Hundeartigen) stammt der Hund ab, sondern vom Wolf. Inzwischen ist man dem engeren Herkunftsgebiet (genetisch) auf der Spur. Waren europäische, vorderasiatische oder chinesische Wölfe die Eltern des Hundes?

Die favorisierten Orte wechselten in den letzten Jahrzehnten öfters, mal war man sich sicher, dass alle Hunde von sieben chinesischen Wölfen (welch symbolträchtige Zahl!) abstammen, mal situierte man den Ursprung in Nordwesteuropa oder in Vorderasien. Plausibler wäre, dass die Hundwerdung mehrfach an verschiedenen Stellen stattfand. Gewiss ist lediglich, dass ausgerechnet die besser handhabbaren nordamerikanischen Wölfe, die sich leichter von Menschen aufziehen und führen lassen als die eurasiatischen Wölfe, nicht zum Hund domestiziert wurden. Dabei kann man wie die Anthropologin Pat Shipman noch viel weiter gehen und sogar die Menschwerdung mit der Hundwerdung verknüpfen. Sie ist überzeugt, dass es die Eiszeitmenschen mit ihren Hund gewordenen Wölfen waren, die das Aussterben der Neandertaler verursachten. Kurz ausgedrückt: Die Hundwerdung des Wolfes hat den Menschen zum Menschen gemacht. Eine kühne These gewiss, die erklären würde, weshalb der an Körperkraft unterlegene Eindringling aus Afrika, *Homo sapiens,* die an die harte Eiszeitwelt Eurasiens seit Zigtausenden von Jahren angepassten Neandertaler verdrängen konnte. Nicht die Art mit dem größeren Gehirn, der Neandertaler, überlebte, sondern der kleinere, zierlicher gebaute, weitgehend nackte Vorfahre von uns allen. Hat ihn also vielleicht der Hund zum Sieger gemacht?

Die Eiszeitwelt ist für uns trotz der vielen neuen Erkenntnisse, wie es sich vor 70 000 bis 40 000 Jahren außerhalb der Tropen lebte, reichlich rätselhaft bis unvorstellbar geblieben. Die Menschen waren Jäger und Sammler, kannten zwar die Nutzung des Feuers, aber da es während der Eiszeit kaum Bäume und trockenes Holz gab, verfeuerten sie gelegentlich sogar die riesigen Stoßzähne der Mammuts. Sie aßen viel Fleisch, kannten kein Brot oder Getreide und streiften in mehr oder weniger kleinen Familiengruppen umher. In Ernährung und Sozialverhalten ähnelten die Menschengruppen der Eiszeit dem Wolf, der ebenfalls in Sippenverbänden jagte und den Beutetieren folgen musste. Mammuts dürften den Wölfen, auch einem großen starken Rudel, aber erheblich zu groß gewesen sein. Die Menschen konnten es mit den Kolossen aufnehmen und jagten sie. Machte sie das attraktiv für die Wölfe? Forscher, die sich mit der Hundwerdung des Wolfes befassen, meinen, dass sie der ähnliche Lebensstil den Menschen nähergebracht hatte. Und dass im Lauf der (eisigen) Zeiten eine Art von Jagdsymbiose entstand. Wölfe, die von dem immensen und selbst für eine größere Menschengruppe zum vollständigen Verzehr zu großen Kadaver eines Mammuts etwas abbekamen, wurden vertrauter und vertrauter. Schließlich zähmten die Menschen solche Wölfe. Und züchteten sie zu Hunden weiter.

Gegen so einen direkten Weg vom Wolf zum Hund gibt es gewichtige Einwände. Zum einen konnte kaum jemand vor Augen gehabt haben, welches Ziel die Zuchtanstrengung verfolgen sollte. Zum anderen wäre eine strikte Trennung von aufgezogenen, mit den Menschen lebenden Hundswölfen von anderen Wölfen nötig gewesen, um zu verhindern, dass weiterhin ›Wolfsblut‹ in die werdenden Hunde floss. In der Tierzüchtung geht nichts ohne Separierung und gezielte Auslese. Eine alternative Erklärung ist überzeugender: Wölfe, die sich den Menschen annäherten, domestizierten sich selbst. Über viele Generationen überlebten jene am besten, die ihr Verhalten auf das der Menschen einstellten. Wölfe, die lernten, in den Gesichtern der Menschen zu lesen. Wölfe, die Menschen in ihre Sozialbeziehungen mit einschlossen. Wölfe, die sich gegen die einstigen Artgenossen wandten und ihre Menschen gegen fremde Wolfsrudel mit verteidigten. Nochmals: Wölfe und Menschen mit der Lebensweise der Jäger und Sammler passen in ihrem Sozialverhalten nahezu perfekt zusammen. Beide Partner gewinnen mit dem Zusammenleben an Effizienz. Die These von Pat Shipman, dass das neue Duo *Homo sapiens* und Hundswolf dem viel älteren, in der Eiszeitwelt lebenserprobten Neandertaler den Untergang bereitete, hat viel für sich. Und so eine Sicht eröffnet Ausblicke auf die Zeit danach, als *Homo sapiens* allein überlebte. Denn mit der Entwicklung von Ackerbau und Viehzucht gewann die Symbiose von Mensch und Hund noch viel größere Wirksamkeit. In diesem vor rund zehntausend Jahren erreichten Zustand der Beziehung lohnte die gezielte Zucht auf bestimmte Eigenschaften der Hundswölfe. Damals wurden sie zu echten Hunden. Mit dem Sesshaftwerden endete das partnerschaftliche Zusammenleben. Die Ausbeutung des zum Hund gemachten Wolfes begann.

Die entscheidende Weichenstellung geschah mit der gezielten Züchtung. Sie bedeutete und bedeutet, die meisten Rüden und viele Hündinnen von der Fortpflanzung auszuschließen. Und diejenigen Welpen zu töten, die nicht der Vorstellung entsprechen. Dieses Vorgehen schuf den Haus-Hund als an den Hof gebundenen Hund, was häufig im direkten Wortsinn des Angebundenseins zu verstehen war. Damit ging eine Veränderung seiner Nahrung einher: Der Anteil von Fleisch nahm ab, rapide wohl, da das Fleisch mit der Ausbreitung des Ackerbaus kostbar wurde, während die Menge an Kohlenhydraten aus Getreide im Futter der Hunde anstieg. Wie sehr manche Hunde hinter Proteinen her sind, und seien es auch nur ausgeschiedene Reste oder von den Verdauungsbakterien erzeugte Eiweißstoffe, äußert sich zum Entsetzen mancher Hundehalter beim Fressen von Exkrementen. Doch Pariahunde in Südasien und ihre Entsprechungen in Afrika nutzen Menschenkot als Nahrungsquelle. Zu manchem Kleinkind gehört gleichsam ein Hund, der die Exkremente verwertet und mit der Familie enger verbunden lebt.

Dachshund
Canis lupus familiaris

Es gibt noch eine andere faszinierende Gemeinsamkeit in der Entwicklung von Hund und Mensch: Die Hundwerdung des Wolfes hat ihre Gehirngröße geschrumpft – um 10 bis 15 Prozent auf gleiche Körpermasse bezogen. Ganz ähnlich fiel der Schwund an Gehirnmasse beim sesshaft gewordenen Menschen aus. Doch die Gehirnschrumpfung verlief bei beiden nicht zum Nachteil. Von der Größe allein hängt die Intelligenz nicht ab. Auch beim Menschen. Und so nimmt es eigentlich nicht wunder, dass Hunde eine (viel) höhere soziale Intelligenz haben als die uns biologisch viel näher verwandten Menschenaffen. Sie entwickelten sich mit uns. Wir verstehen einander. Der Hund ist des Menschen bester Freund, wenn er gut behandelt wird. Und er leidet entsprechend, wenn ihm zu wenig Zuwendung zuteil wird. Hat er keine Artgenossen, braucht der Hund die Menschen, um ein hundegerechtes Leben führen zu können. Es zeichnet ihn aus, dass er so gut wie nie ›lügt‹ und betrügt. Und dass er treu ist. Das erleben insbesondere alte, vereinsamte Menschen immer wieder. Stellen sie fest, »der Hund versteht mich«, so ist das keine Wunschvorstellung. Kein Tier geht auf die Stimmung des Menschen besser ein als der Hund. Das zeichnet ihn aus. Für den Wolf hat sich, genetisch gesehen, die Hundwerdung gelohnt. Zöge man Bilanz, wäre das Ergebnis klar: Den vielen Millionen Hunden, die es global gibt, stehen nur Zehntausende Wölfe gegenüber. In diesem Positivresultat der Symbiose mit den Menschen verbirgt sich aber auch das Leiden von Abermillionen von Hunden, denen es buchstäblich hundeelend geht.

Angesichts des dennoch sagenhaften gemeinsamen Weges von Mensch und Hund wirken neuere Berechnungen aus Amerika, in denen nachgewiesen wird, dass besonders die Hundehaltung einen gewaltigen ökologischen Fußabdruck hinterlässt, geradezu bedrückend. Die Menge Proteine, die die etwa 163 Millionen Hunde und Katzen in den USA konsumieren, entspricht dem Fleischbedarf der Bevölkerung Frankreichs oder dem von 60 Millionen Amerikanern. »Hätten alle US-Hunde und -Katzen ein eigenes Land, läge dies in einer Rangliste der größten Fleischkonsumenten an fünfter Stelle – hinter Russland, Brasilien, den USA und China«, stellte Gregory Okin von der Universität von Kalifornien, Los Angeles, im Sommer 2017 nach Medienberichten fest. Die neun Millionen Hunde und 13 Millionen Katzen in Deutschland kämen somit auf einen Gleichwert von acht Millionen Menschen, also der Bevölkerung Österreichs. Woran sich die ernsthafte Frage anschließen ließe, ob wir Menschen denn so viel Fleisch konsumieren müssen wie gegenwärtig. Und Rinder zu Fleischfressern zu machen versuchen dürfen, wie das bei der BSE-Krise geschah. Mit solchen Berechnungen konfrontiert, gebe ich unserem Hund ein paar Karottenscheiben zu seinem Futter. Sie tun ihm gut, und er mag sie gern. Eine Katze würde sich mit missmutigem Gesichtsausdruck abwenden und vielleicht versuchen, zum Ausgleich ihrer Frustration einen Vogel zu fangen.

Katze

Was geht in einer Katze vor, wenn sie wie eine lebendig gewordene Sphinx dasitzt und dem Geschehen um sie herum entrückt in die Ferne schaut oder die Augen geschlossen hält? Es bleibt ihr Geheimnis, auch wenn man mit dem Verhalten der Katzen von Kindesbeinen an vertraut ist. Sie sind stets für Überraschungen gut: Wenn meine Frau und ich unsere Enkelkinder besuchten, brachten wir dem Hund der Familie, einem rehgroßen Ridgeback, immer ein paar Leckerbissen mit, was die dort ebenfalls heimische Katze, eine gelbrote Halbangora, wie desinteressiert passieren ließ. Es war ein festes Ritual, das der Hund erwartete, bis er, alt und krank geworden, schließlich starb. Beim nächstfolgenden Besuch wenige Wochen nach seinem Tode brachten wir nichts mehr mit. Als wir gingen, kamen wir an der Katze vorbei, sie saß auf der Bank im Flur und schien zu schlafen. Doch genau in dem Moment, als wir an ihr vorbeigingen, schlug sie meiner Frau mit ausgefahrenen Krallen auf die Hand. Ein paar Blutströpfchen kamen. Noch nie hatte die Katze gekratzt oder gebissen. Sie gehörte seit vielen Jahren mit zwei weiteren Katzen zur Familie und war auch mit dem Hund vertraut gewesen. Konflikte hatte es nie gegeben. Nach dem Schlag verschwand sie sofort. Warum tat sie das? Wir rätselten. Hatte sie erwartet, dass sie nun das Futter bekommen würde? Nach dem Tode des Hundes war sie auf dem Hof von der Nummer zwei an die Spitze der Tierhierarchie gerückt. Beim nächsten Besuch einige Wochen später hatte meine Frau nun für sie etwas mitgebracht. Die Katze schien darauf gewartet zu haben. Sie verschlang alles mit großer Gier und ließ die beiden anderen nicht heran, denen wir heimlich ihren Teil zuschieben mussten. Von nun an verhielt sie sich ähnlich erwartungsvoll wie vorher der Hund. Oft legte sie sich meiner Frau zu Füßen. Mit einem einzigen Pfotenschlag hatte sie ihr und mir ein schlechtes Gewissen gemacht, sie und die beiden anderen Katzen jahrelang durch die Bevorzugung des Hundes falsch behandelt zu haben. Sie war nicht nachtragend. Die Lage hatte sich geändert. Aus ihrer Katzensicht war nun alles in Ordnung.

Bei keinem anderen Haustier ist die Gefahr der Vermenschlichung bei der Interpretation von Verhaltensweisen so groß wie bei der Katze. Durch ihr in sich selbst gekehrtes Wesen macht sie es uns viel schwerer, sie zu verstehen, als der Hund: Seine Signale sind fast immer eindeutig; sein Verhalten ist nachvollziehbar. Dass er seinen Namen kennt und eine Vielzahl von Anweisungen versteht, ist für uns so klar wie sein Blick, mit dem er uns in die Augen schaut. Die Katze weicht dem direkten Blick aus. Sie schließt ihre Augen zu Schlitzen, die nichts mehr verraten. Auch ihre Mimik lässt sich ungleich schwerer durchschauen, wenn überhaupt. Meistens entscheidet sie, ob und wann sie gestreichelt werden will, während der Hund bereitwillig alles annimmt, was an Lob und Schmeichelei an ihn gerichtet wird. Sosehr dem Hund aus dieser Genügsamkeit der Ruf erwächst, eine ehrliche Haut zu sein, sosehr unterstellen wir der Katze, sie sei wählerisch, rätselhaft und falsch. Dazu ein Beispiel.

Der Kater war Opas Liebling. Er war in seinem Bett geboren worden. Das fand Oma zwar nicht so gut, aber sie verzieh der Katzenmutter, weil diese ihre Kleinen so vertrauensvoll im Haus und nicht zurückgezogen an einem geheimen Ort zur Welt gebracht hatte. Alle vier Kätzchen durften deshalb nicht nur überleben, sondern bleiben. Jeden Nachmittag, wenn Opa sein Schläfchen auf der Wohnzimmercouch machte, kam der Kater und legte sich auf seinen Bauch. Und zwar stets so, dass er beim Atmen auf und ab gehoben wurde. Dazu schnurrte er. Schnarchte Opa, wurde sein Purren umso lauter. Mehrere Jahre ging das so, sommers wie winters. Nur wenn der Kater längere nächtliche Pflichttouren zu absolvieren hatte, die sich auf den Tag ausdehnten, versäumte er den einen oder anderen Nachmittagsschlaf auf Opas Bauch. Da er Mäuse zu fangen nicht für nötig hielt, auch nicht nachts, wenn er auf Streife war, bekam er offenbar auch keine Würmer und wurde nicht wie seine drei Schwestern draußen auf der Flur erschossen, als sie vor Mauselöchern saßen. Der Kater hatte ein gutes Leben. Davon waren wir überzeugt – sein Verhalten drückte dies unmissverständlich aus. Der später anstehende Umzug in einen anderen Ort, nur 5 Kilometer entfernt, in ein recht ähnliches Haus mit Garten schien daher kein Problem. Der Kater erhielt alle gewohnten Zuwendungen, auch sein Katzenklo im gleich eingerichteten Wohnzimmer, und selbstverständlich besonders viel Aufmerksamkeit; Leckerbissen mit eingeschlossen. Als er nach vier Tagen verschwand, wohl weil die Türe zur Terrasse offengeblieben war, nahmen wir zunächst an, er habe sich kurz aufgemacht, die Umgebung zu erforschen. Es war Sommer und gutes Wetter, und die Eingewöhnung stand an. Zwei Tage später klingelte bei Opa das Telefon. Die früheren Nachbarn riefen an und teilten mit, dass sein Kater zurückgekehrt sei und schreiend nach Futter verlange. Was sie tun sollen. Füttern und beschäftigen, antwortete Opa; er würde gleich kommen. Der Kater begrüßte ihn und tat so, als ob nichts geschehen wäre. Er ließ sich ohne Widerstand ins Auto tragen und zum neuen Domizil fahren. Nun durfte er fünf Tage nicht hinaus. Am sechsten war er fort und kehrte nicht wieder. Zehn Tage später kam wieder ein Anruf. Der Kater sei da, aber sehr scheu. Nun ließ er sich von Opa nicht mehr einfangen. Die Nachbarn fütterten ihn noch eine Zeit lang. Aber er kam nur noch unregelmäßig, verwilderte sichtlich und hielt immer mehr Abstand von den Menschen. Schließlich blieb er ganz weg. Ob von Jägern erschossen oder völlig verwildert, blieb offen. Es fiel Opa sehr schwer zu akzeptieren, dass der Kater bei Weitem nicht so mit ihm verbunden gewesen war, wie es den Anschein gemacht hatte. Das Haus und sein Katerrevier waren ihm wichtiger. Die Menschen verschafften ihm ein angenehmes Dasein, aber sein Katzenleben blieb distanziert von ihnen. Sehr oft täuscht man sich in den Katzen. Warum sind sie bloß so lieb und doch so ganz anders als die Hunde?

Wir erwarten zu viel. Herkunft und natürliche Lebensweise der Katze erklären, warum es immer wieder zu solchen Enttäuschungen kommt. Sie ist nur halb domestiziert. Sie führt, so man sie nicht einsperrt und damit gewaltsam ihrer Freiheit beraubt, ein eigenständiges Leben, von dem wir wenig mitbekommen. Die Nacht ist ihre Zeit, weit mehr als der Tag. Sie braucht und sucht Wärme, weil sie kein direkter Abkömmling der in unserem Klima frei lebenden Wildkatze ist, sondern aus südlicheren Formen von *Felis silvestris* entstand. Zur Hauskatze wurde sie im südöstlichen Mittelmeerraum. Auf Beutefang pflegt sie allein zu gehen, unhörbar auf Samtpfoten, oder sie lauert wie weltvergessen in sich zusammengezogen vor einem Mauseloch, aus dem ein Geruch oder feinste Geräusche andeuten, dass sich das Warten lohnen könnte. Sie braucht und will zur Jagd keine Partner, keine Unterstützung. Mit der Katze könnten wir nicht auf Mäusejagd gehen wie mit dem Hund auf die Wildjagd. Sie streift, wenn irgend möglich, in ihrem eigenen Revier umher. Dieses teilt sie ungern mit anderen Katzen und geht ihnen aus dem Weg. Weibchen haben kleinere Streifgebiete als Kater, sie bejagen nur ein Fünftel der Fläche eines Katerreviers. Die Unterschiede sind aber zu groß, um verallgemeinern zu können. Auch die Kater arrangieren sich in der räumlichen und zeitlichen Nutzung ihrer Streifgebiete. Was für ein Gebiet gilt, kann sich jedoch in einem anderen ganz unterschiedlich darstellen. Katzen sind flexibel. In Katzenhäusern mit geringen Auslaufmöglichkeiten leben sie auch zu vielen ganz gut zusammen. Dann entstehen Hierarchien, Gruppierungen von Katzen, die gern beisammen liegen, sich gegenseitig putzen und gegen andere zusammenhalten. Kater werden toleriert oder vertrieben. Sie können untereinander eine Rangordnung aufbauen, die jedoch dann wenig nützt, wenn die rollige Katze partout nicht den stärksten Kater will, sondern irgendeinen anderen, der in der Katerhierarchie weiter unten steht.

Dennoch bleibt im Sozialverhalten der Katzen das Individuelle stets im Vordergrund. Katzen bilden keine Familien, Gruppen oder Rudel wie Hunde und Wölfe oder Löwen. Individualdistanz, und sei es nur ein Örtchen, an dem sie sich unbelästigt fühlen und entsprechend dösen können, ist für die Hauskatzen wichtiger als sozialer Zusammenhalt. Eine meiner Katzen trieb das ins Extrem, vielleicht als Reaktion auf zwei Kätzchen, die ins Haus gekommen waren. Sie kletterte in höchst komplizierter Weise über Zaun und Schuppen auf den Pferdestall und von dort zum Dach des an der Stallwand angebrachten Nistkastens. Eigentlich als Eulenkasten gedacht, lebte darin ein großes Hornissenvolk. Die Katze streckte sich darauf und schnurrte zufrieden zum Summen der Hornissen, die kaum eine Handbreit unter ihr ein- und ausflogen. Offenbar kannten sie die Katze und taten ihr nichts. Zweifellos war dies der Ort, an dem sie absolute Ruhe fand.

Viele Katzen, die Auslauf haben, verschwinden, wenn es an der Zeit ist, die Jungen zu gebären. Auch dafür suchen sie möglichst sichere Plätze; solche, die von fremden Katern nicht gefunden werden. Diese könnten frisch geborene Kätzchen töten, wie das bei Löwen nicht selten vorkommt, wenn fremde Männchen den oder die Rudelherrn gerade vertrieben haben. Beim Paschawechsel sind die kleinen Löwenkinder, die noch gesäugt werden, in größter Gefahr. Gelingt es den neuen Männchen, die Jungen zu töten, kommen die Löwinnen bald darauf wieder in die Paarungsphase. Das Töten der vom Vorgänger gezeugten Jungen eröffnet den neuen Paschas bessere Möglichkeiten, in der Zeit, in der sie das Rudel beherrschen, selbst Nachwuchs zu zeugen. Dass diese Tötungen auch bei frei laufenden Hauskatzen vorkommen, ist unumstritten, es ist nur unklar, wie häufig. Die Kenntnisse zur Lebensweise der frei laufenden Hauskatzen sind nach wie vor unzureichend. Löwen sind weit besser erforscht. Das liegt vor allem an der Kurzlebigkeit vieler Hauskatzen. Wo sie ihr naturgemäßes Leben am besten führen könnten, am Ortsrand oder von Bauernhöfen aus, werden sehr viele von Jägern erschossen oder von Autos überfahren. Die (viel zu) hohe ›Umsatzrate‹ im Bestand beeinträchtigt das natürliche Verhalten. Außerdem werden immer mehr Katzen sterilisiert, um dem Problem zu entgehen, wenn die Katze eines Tages in aller Munter- und Possierlichkeit ein paar Kätzchen präsentiert. Kater werden kastriert, um ihr Markieren mit dem nicht gerade wohlriechenden Urin zu verhindern. Die hohen Verluste, die Jäger und Autos verursachen, werden von den Katzenbesitzern so schnell wie möglich ersetzt. Man hat die Kleinen ja nicht großgezogen, damit sie bei nächster Gelegenheit erschossen werden. Da zu viele Jäger dies nicht einsehen, halten sie mit ihrem Abschuss den Bestand frei laufender Katzen auf (zu) hohem Niveau produktiv. Denn die Katzenhalter achten darauf, genügend fortpflanzungsfähige Weibchen zu erhalten, um die Verluste ausgleichen zu können. Daher wird mehr Nachwuchs produziert als nötig, wenn die Katzen lange genug leben könnten. Gegenwärtig (2017) wird geschätzt, dass allein in Deutschland über zwölf Millionen Katzen leben. Viele davon laufen frei. Ihr Anteil ist nicht genauer bekannt. Europa bringt es auf über 110 Millionen Katzen.

Bei den Haustieren übertrifft die Anzahl der Katzen die der Hunde damit ganz beträchtlich. Sie sind Haustier und Teil der freien Natur zugleich. Zwar gibt es insbesondere in Mittel- und Nordwesteuropa eine Menge Hauskatzen, die Haus oder Wohnung nicht verlassen dürfen und damit gezwungenermaßen zum Vollhaustier gemacht worden sind, aber der weitaus größte Teil der Katzen hat die Hoheit über ihre Fortpflanzung und das Leben im Freien nicht verloren. Was den Hunden kaum noch gewährt wird, außer sie leben als Streuner ohne direkte Bindung zum Menschen, ist für die Katzen der Normalzustand. Wenn es an der Zeit ist, geht Katze auf die Suche nach Kater. Das kann eine recht eindrucksvolle nächtliche Katzenmusik zur Folge haben, über deren Schönheit es, vorsichtig ausgedrückt, sehr geteilte Meinungen gibt. Dabei könnten wir doch aus der Katzenklage, vermenschlichend, wozu wir stets geneigt sind, die Ambivalenz zwischen Liebeslust und -leid (wenn der Kater beim Akt die Katze in den Hinterkopf oder Nacken beißt) heraushören, was sie für uns eigentlich nachvollziehbarer macht als das Heulen des verliebten Hundes, das einfach nur sehnsuchtsvoll

Hauskatze
Felis silvestris catus

klingt. Doch auch wenn wir das Schmachten des Hundes vorziehen, werden seine Nöte dennoch missachtet, während auf die singenden Kater im schlimmsten Fall Blumentöpfe geworfen werden – was meist anderswo Schaden anrichtet als bei ihnen selbst.

Wie kam dieser eigenartige Zustand der Katze zwischen Wild- und Haustier zustande? Und warum ist sie trotz ihrer mitunter geradezu abweisend wirkenden Eigenständigkeit so beliebt? Beide Fragen fließen zu einer zusammen: Warum ist die Katze so, wie sie ist? Wieso reicht das Spektrum ihrer Beurteilung von Vergöttlichung bis zum Symbol für Hexen und Teufel? Beginnen wir die Spurensuche mit dem, was die Katze auf den ersten Blick auszeichnet. Sie verkörpert das Ideal eine Schmusetieres: Rundlicher Kopf, große Augen und seidenweiches Fell, das zum Streicheln geradezu zwingt. Dazu die Babygröße, die genau in die Armbeuge passt. Ihre Bewegungen sind einschmeichelnd geschmeidig. Dass sie sich den Annäherungen nicht einfach hingibt, sondern zaudert, überredet und erobert werden will, erhöht ihren Reiz. Auch dass sie sich nichts befehlen lässt. Seit alten Zeiten wird damit ein Bild des ›typisch Weiblichen‹ verbunden; Verlockung mit Zögern, die Forderung, umworben zu werden, bis Zärtlichkeiten erlaubt sind. Vielleicht lässt sich all das in einem Wort verdichten: Sinnlichkeit.

Kein anderes Säugetier vereinigt all diese aparten Attribute in sich. Bären sind, zumal als Bärenkinder, knuddelig und süß, aber auch tollpatschig. Es fehlt ihrer Stimme das Variantenreiche des Miauens, das so traurig, klagend, verlockend oder ärgerlich klingen kann. Hundewelpen entwachsen zu schnell dem Stadium, in dem sie es an Liebreiz mit der Katze aufnehmen können. Und es überwiegt auch die Tollpatschigkeit bei ihnen. Im Nachjagen von Bällen oder Wollknäueln sind sie Stümper, verglichen mit Katzenkindern; von erwachsenen Katzen ganz abgesehen. Und wie sie sich, den Wärmeaustausch sichtlich genießend, am Menschen zusammenrollen, ob auf dem Schoß, dem Arm oder im Bett, kann den Katzen kein anderes Tier nachmachen. Zufriedenes, beruhigendes Schnurren wird noch dazu geliefert.

All das käme nicht zur Wirkung, wäre die Katze nicht zu den Menschen gekommen. Die bei uns lebenden Wildkatzen sind scheu, zurückgezogen und bleiben auch in bester Großkäfighaltung eher kleine Tiger als Schmuser. Bezeichnenderweise kommt es sehr selten zu Kreuzungen von Wild- und Hauskatzen, obgleich die gewaltige Überzahl der frei laufenden Katzen längst die Wildkatze assimiliert haben müsste, liegt das Verhältnis doch bei tausend zu eins. Haus- und Wildkatze verhalten sich wie zwei getrennte Arten, die zwar eng miteinander verwandt sind, aber sich nicht frei vermischen. Der Hauskatze mit *Felis catus* einen eigenen Artnamen zuzubilligen, und sie nicht bloß als ›forma *catus*‹, als Zuchtform zu betrachten, wäre also durchaus gerechtfertigt. Dass sich beide so stark unterscheiden, liegt an der Herkunft und der Trennungszeit.

Die Hauskatze stammt, wie bereits angedeutet, von Wildkatzen ab, die im südostmediterranen Raum lebten. Die nordafrikanische Unterart, die Falbkatze *Felis silvestris lybica* wurde lange Zeit als direkter Ahne erachtet. Doch von dieser scheidet die Hauskatze die lange Trennungszeit von an die fünftausend Jahre oder mehr. Und ihre Umstellung auf eine andere, eng auf den Menschen bezogene Lebensweise. Historische Dokumente gibt es dafür in größerer Fülle als für die Frühzeit des Hundes. Denn die Katze war im Alten Ägypten so hoch geschätzt, dass sie in den Rang einer Göttin aufstieg, verkörpert in der katzenköpfigen Bastet. In zahllosen Mumiengräbern im Alten Ägypten wurde die Katze als Grabbeigabe verewigt. Sie galt nicht nur als unentbehrlicher Hüter der Getreidespeicher, sondern der obersten Gesellschaftsschicht auch als begehrtes Schmusetier. Offensichtlich wirkten das runde, großäugige Gesicht und das zum Streicheln und Schmusen einladende Fell vor fünftausend Jahren wie in unserer Zeit. Die hohe Wertschätzung, die Katzen bei den Alten Ägyptern genossen und die sich über die Jahrtausende und Jahrhunderte fortpflanzte, hatte guten Grund: Sie betätigen sich als Mäusejäger, ohne dazu gezwungen oder trainiert worden zu sein, wie es bei Hunden für die Jagd oder für andere Zwecke notwendig ist. Die Katzen taten dies von Anfang an, weil Mäuse zu jagen die Grundlage ihres Lebens darstellt. – Wohlbehagen in Gemeinschaft und Autonomie in der Lebensführung, diese beiden Seiten prägen die Katze bis heute und lassen bestens nachvollziehen, warum sie Haustier wurde und dennoch bis heute nur halbdomestiziert geblieben ist.

Ihre Zuwendung zum Menschen begann mit dem Ackerbau. Das Getreide musste über lange Zeit gespeichert werden, nachdem es zum Grundnahrungsmittel aufgestiegen war. Die Getreidespeicher aber zogen Mäuse aus der Umgebung an. Den frei lebenden Wildkatzen Nordafrikas und des Vorderen Orients blieb nicht verborgen, dass es dort außerordentlich fette Beute zu machen gab. Sie waren nicht allein mit dieser Entdeckung. Auch Eulen und Käuze bemerkten das. Aber diese können nicht in die Speicher hineinklettern. Ihre geräuschlose Luftjagd führt nur dann zum Erfolg, wenn die Mäuse aus dem Schutz herauslaufen. Die Katzen aber kommen hinein. Der Zugang wurde ihnen gezielt erleichtert, als ihre Jagdlust bemerkt worden war. Auch die Käuze erhielten Eulenlöcher für den Einflug in die Scheunen und Ställe. Solche können wir vielerorts noch heute sehen.

Der Ackerbau war aber auch eng mit der Viehzucht verbunden. Kühe und Ziegen gaben Milch, und damit ließen sich die Katzen locken. Die dargebotene Milch verminderte die anfänglich sicher vorhandene Scheu der Katzen. Den Eulen und Käuzen bedeutet sie nichts. Sie blieben distanziert. Gleichwohl genossen sie große Wertschätzung. Wir kennen ›Eulen nach Athen tragen‹ als Sprichwort. Weniger geläufig ist ihre Verbindung mit den Katzen im Alten Ägypten. Viel spricht dafür, dass Pallas Athene, der die Eulen und Käuzchen Athens zugeordnet waren, eine Ableitung der Katzengöttin Bastet darstellte. Athene stand für die Klugheit. Diese ist dem Eulengesicht abzulesen, so die in früheren Zeiten weitverbreitete Vorstellung. Katzengesicht und Eulengesicht teilen wiederum gleichartige Züge. Manche Eulen verstärken die Ähnlichkeit sogar mit der Ausbildung beweglicher Federohren. Damit können sie ihre Stimmung ausdrücken, was sonst dem Katzengesicht vorbehalten ist.

Seit dem Spätmittelalter entwickelte sich eine der jahrtausendealten Anerkennung entgegengesetzte Einstufung: Katze und Eule wurden dämonisiert. Am schlimmsten traf beide die Hexenverfolgung. In Katze und Eule sollte der Teufel stecken, sie wurden zum Kennzeichen von Hexen. Ähnlich wie ihre Maskottchen trieben diese nachts ihr Unwesen, wenn die braven Leute schliefen. Kreuzte eine schwarze Katze den Weg, galt dies als schlimmes Vorzeichen. Nach wie vor ist manchen Menschen die Fähigkeit von Katzen und Eulen unheimlich, in der Finsternis sehen und Beute machen zu können. Nachts sind alle Katzen grau, sagt ein Sprichwort. Das ist grundsätzlich richtig, weil wir Menschen bei sehr schwachem Licht die Fähigkeit verlieren, Farben sehen zu können. Den Katzen bedeutet Farbtüchtigkeit ohnehin wenig. Wie die meisten Säugetiere sind sie rot-grün-blind. Besonders unheimlich wirkte es sicherlich auf viele Menschen, wenn sie mit Fackeln oder Laternen durch die Nacht gehen mussten und plötzlich ein Augenpaar glühend aufleuchten sahen. Dieses Leuchten ist die Folge einer biologischen Besonderheit. Im Augenhintergrund reflektiert eine Schicht, *tapetum lucidum* genannt, das Restlicht und verstärkt damit das Sehvermögen der Katzen. Eine schwarze Katze scheint nachts nur noch aus dem Augenpaar zu bestehen. Ähnlich erschreckend wirkt der geräuschlose Flug der Eulen. Plötzlich sind sie da. Sie erscheinen im Lichtschein und verschwinden; wie Geister eben.

Die ursprüngliche Funktion als Mäusebekämpfer blieb der Hauptgrund für die Katzenhaltung. Da die Landwirtschaft Mäuse begünstigt, brauchte sie die Jäger, bis wirksame Fallen (Schlagbügelfallen) entwickelt waren. Seit rund einem Jahrhundert liefert die Chemie Gifte, die noch viel wirkungsvoller sind. Entsprechend nahm die Wertschätzung der Katzen im bäuerlichen Milieu ab. Das hätte das Ende der Katzen bedeuten können, hätte nicht die Industrialisierung eingesetzt. Mit ihr wurden ihre ›weichen Qualitäten‹ für den Menschen immer bedeutsamer. Fabrikarbeit, besonders Kinderarbeit, verlangte nach emotionalem Ausgleich. So kam es, dass immer weniger Katzen sich als Mäusejäger selbst versorgen mussten; sie bekamen Futter von den Menschen. Und da bekanntlich Liebe durch den Magen geht, intensivierte die Fütterung auch die Anhänglichkeit der Katzen. Sie wurden Schmusetiere. Dazu trägt bei, dass die Katze ja kein Problem damit hat, tagsüber lange allein zu sein. Sie verschläft viel Zeit. Und wird munter, wenn die Menschen von der Maloche zurückkommen. Fallen diese, todmüde geworden, ins Bett, hat sie ihre Freilaufzeit. Für Hunde wäre so ein Leben viel schwerer zu ertragen oder gar nicht möglich. Die anpassungsfähige Katze erhielt sich mit ihrer Distanziertheit die Freiheit. Bis ins späte 19. Jahrhundert wurden Katzen nur in geringem Umfang gezielt auf ›Rasse‹ gezüchtet. Inzwischen gibt es zwar eine ganze Anzahl, die auch auf Katzenschauen ausgestellt und prämiert werden. Dennoch bilden die Rassekatzen nur eine kleine Minderheit im Gesamtbestand. Die Katze lässt sich gerade bei der Paarung wenig bis gar nicht hineinreden. Deshalb vollzogen sie in den fünftausend Jahren ihres Haustierdaseins keinen großen Wandel. Sie blieben unabhängig genug. Ihre Bindung an das Haus, an den Ort, an dem sie leben, ist stärker als die Beziehung zu den Menschen, mit denen sie leben. Wenn Adaptation an die Umstände bedeutet, die Mühen des Lebens zu verringern, dann hatte die Katzenart mehr Erfolg als der Hund. Dieser dient; die Katze lässt sich bedienen. Kein Wunder, dass sie zum Gleichnis wurde für die Femme fatale.

Rind

Ein Stier, ein weißer Bulle im Vollbesitz seiner animalischen Kräfte, entführte einst eine Dame nach Kreta. Das ist lange her und nur vom Hörensagen bekannt. Der Name der Dame war Europa. Sie muss so schön gewesen sein, dass sich seither nicht nur alle Damen des großen westlichen Anhängsels Asiens als Europäer bezeichnen, sondern die Männer gleich mit. Ein Mann, ein Supermann, war es auch gewesen, der sich als weißer Stier ausgegeben hatte. Mit Muttermilch war er nicht ernährt worden, sondern mit besonders gehaltvoller Ziegenmilch. Sie gab ihm, dem größten Frauenheld und Verwandlungskünstler aller Zeiten, die Kraft. Sein Name war Zeus. Sein Eheweib trug den Beinamen »die Kuhäugige«. Das war in jenen mythischen Zeiten nicht glotzäugig gemeint, sondern die Bezeichnung für besonders schöne Augen. Wer einem weißen Galloway-Rind unserer Zeit ins Auge geblickt hat, erfasst den rechten Sinn von kuhäugig. Schade nur, dass der Blickkontakt immer nur mit einem Kuhauge möglich ist, weil das zweite zu weit auf der anderen Seite des Kopfes sitzt. Das hat unter anderem zur Folge, dass ein gereizter Stier oft mit blutunterlaufenen Augen angreift, weil er sie so weit nach vorn (ver)drehen muss, um den Torero oder wer immer das Ziel seines Zorns ist, ›ins Auge fassen‹ zu können. Im einäugigen Blick spiegelt sich hingegen die Weite der Weide, so die Kuh eine solche genießen darf. Sie hat eine ausgesprochen große Rundumsicht, was sie allerdings nicht umsichtig macht, zumal wenn sie ein noch kleines Kalb bei sich hat. Da kann es für Bergwanderer schlimm ausgehen, die in Begleitung eines kleinen harmlosen, aber womöglich naseweisen Hundes sind. Kühe haben bei uns um ein Vielfaches mehr Menschen getötet als die für gefährlicher gehaltenen Wölfe.

Doch zurück zu Zeus und Europa. Die Geschichte hat, wie die meisten Mythen, einen historischen Kern. Das Rind gelangte von Ägypten nach Kreta und mit ihm der berühmt-berüchtigte Stierkult. Minotaurus war der Stier (Tauros) von Minos, halb Mensch, halb (s)tierisch. Jahrhundertelang hielten und züchteten die Alten Ägypter bereits Rinder. Diesen wurde so hohe Verehrung zuteil, dass sich der mit dem Widder (Amun) verbundene Gott der Götter und Sonnengott Amun-Re schwer tat, sich als oberster Gott durchzusetzen. Grob vereinfacht ließe sich festhalten: Es ging um die Vorherrschaft von Schaf oder Rind. Auch geografisch. Denn die Hirtennomaden zogen mit ihren Schafherden umher, während die Rinderhalter die fruchtbaren Niederungen besiedelten und den Ackerbau vorantrieben. Mit der Kombination von Getreide und Rind gewannen sie die Oberhand. Aus dem Stiergott und seinem Stierkopf entstand ›aleph‹, das Anfangszeichen des Alphabets.

Die westlichen Völker Asiens und Nordafrikas fingen schließlich an, sich in zwei kulturelle Großlager zu separieren, die Rindervölker und die Pferdevölker. Letztere, wie etwa die Hyksos, suchten die Siedlungsgebiete immer wieder mit der Wucht eines Sandsturms aus der Wüste heim. Sie überfielen die sesshaften Ackerbauern, bis diese schließlich begriffen, dass sie mit noch so prächtigen Stieren keine feindliche Reiterarmee fernhalten konnten. Doch mit der Langsamkeit der Rinder verband sich ein gewaltiger, sich schließlich mit Ausnahme von Südostasien rund um den Erdball durchsetzender Vorteil. Die Kühe geben Milch; viel und sehr nahrhafte Milch. Weit mehr als Stuten. Man brauchte ihnen nur nach wenigen Tagen das Kalb wegzunehmen. Der Trennungsschmerz wurde dann alsbald von einem anderen, sich ins Unerträgliche steigernden Schmerz überlagert, der vom prall gefüllten Euter ausging. Das notwendige Melken machte die Kühe gefügig. Und langfristig nutzbar als Kraftquelle. Aus ›Milchbubis‹ können Krieger vom Schlag des Herakles/Herkules werden. Mit der Kraft des Stieres, übermittelt von der Kuh.

So einfach war und ging es allerdings dann doch nicht. Erstens war das Rind ursprünglich wild und zweitens die Milch zwar für Kleinkinder tauglich, nicht aber für Erwachsene. Denn von Natur aus verfügte der Mensch über jenes unentbehrliche Enzym, das Milchzucker spaltet und für die Verdauung nutzbar macht, die Laktase, nur im Säuglings- und Kindheitsalter. Im Lauf des Heranwachsens wird seine Produktion im Körper eingestellt, und der Erwachsene verträgt sodann die Milch nicht mehr. Das ist bei einem Großteil der Menschheit immer noch so. Die Milchunverträglichkeit, Laktose-Intoleranz, ist weitverbreitet. Die Rinderhaltung kann daher anfänglich nicht der Milch wegen zustande gekommen sein. Ursprünglich bildete das domestizierte Rind wohl eine lebende Fleischkonserve, wie Schafe und Ziegen, die schon vorher domestiziert worden waren. Da diese mit dürftigerer Nahrung wie dürr gewordenem Gras zurechtkommen und sich die Schafe auch leichter in Herden halten und führen lassen, waren Letztere in den kärglichen Steppen- und Wüstengebieten zunächst wohl im Vorteil und die Konkurrenz, die zwischen den Schaf- und Rinderhaltern herrschte, immens. Bis hin zum Konflikt ihrer Götter. Die Lage änderte sich zugunsten des Rindes, als im Vorderen Orient eine Erbänderung, eine Mutation, auftrat, die dazu führte, dass das für die Milchverdauung im Dünndarm nötige Enzym auch über das Kindesalter hinaus erzeugt wurde. Die Menschen, die diese Mutation trugen, hatten große Vorteile, weil sie weit weniger abhängig von Fleisch wurden, der bisherigen Hauptquelle der Proteine.

Neuesten Forschungen zufolge, die an der Universität Mainz durchgeführt wurden, entstand die Mutation vor etwa 7500 Jahren im südöstlichen Mitteleuropa. Dorthin, in die heutige ungarische Puszta, waren Jahrhunderte vorher schon Bauern aus Anatolien gezogen, die auch Rinder mitbrachten. Hinweise darauf bieten entdeckte Gefäße der Linearbandkeramischen Kultur, in denen Rückstände von Milchfett gefunden wurden. Jedenfalls breitete sich die bis heute anhaltende Fähigkeit zur Milchverdauung rasch aus, womit sich auch die Wertschätzung vom Stier auf die Kuh verlagerte. Der Stierkult verlor allmählich an Bedeutung. Verschwunden ist er bis heute nicht, wie das zähe Festhalten am Stierkampf zeigt. Der Stier ist auch heute noch Potenzsymbol und mit Machogehabe verbunden. Die Nutzung von Rinderblut, wie bei den Massai und einigen anderen nordostafrikanischen Hirtenvölkern, stammt wahrscheinlich noch aus der Zeit der Milch-Unverträglichkeit. Das einer Halsvene entnommene Blut ist gut zu verdauen und ähnlich ergiebig wie die Milch, nur nicht annähernd so gehaltvoll an Mineralstoffen wie Kalzium.

Es lassen sich sogar weitere derartige Genmutationen feststellen, die es nordafrikanischen Völkern ermöglichten, auch die Milch ihrer zumeist recht kleinen Rinder zu nutzen. Diese kamen einige Jahrtausende später zustande, und zwar in einer Zeit, als die Sahara noch weitgehend grün und gutes Weideland war. In dieser Klimaphase kam auf der Arabischen Halbinsel eine in der Funktion ähnliche Mutation im Menschenkörper zustande, die es erlaubt, Kamelmilch zu trinken. Die Kamele wurden damit in kurzer Zeit besonders wertvolle Haustiere, weil sie bekanntlich sehr lange ohne Wasser auskommen können. Wasser war aber mit

Holstein-Kuh
Bos primigenius taurus

dem Austrocknen der Sahara und Arabiens zum lebensentscheidenden Faktor geworden. Die Unterschiede in den Lebensansprüchen zwischen Kamel und Rind trugen dazu bei, dass sich die darauf basierenden arabischen Kulturen einerseits und die semitisch-afrikanischen und europäischen Kulturen andererseits immer stärker voneinander separierten. Und in Konflikt zueinander gerieten, entwickelten sich doch nun drei Großkulturen mit regional höchst unterschiedlichen Schwerpunkten: die mediterrane Rinderkultur mit ihren Ausstrahlungen nach Südost- und Zentraleuropa, die arabisch-nordafrikanische Kamelkultur und die mit der Ausgangsbasis der Pferde nach Europa hinein ausgreifende zentralasiatische Reiterkultur. Trotz allen dynamischen Wandels innerhalb der menschlichen Bevölkerungen und trotz ihrer Kriege sind diese drei auf Haustieren basierten Kulturen immer noch präsent. Der Anzahl nach wurde die Rinderkultur jedoch am weitaus erfolgreichsten. Sie verbreitete sich auf alle Kontinente: Global stellen heute die rund eineinhalb Milliarden Rinder mehr Lebendgewicht als die gesamte Menschheit.

Was macht ihren so einzigartigen Erfolg als Haustier aus? Das Rind, genauer ausgedrückt, das domestizierte – denn von den Rindern existieren viele verschiedene Arten –, stammt vom Urrind *Bos primigenius* ab, das allerdings komplett ausgerottet ist. Auerochse heißt es auch, wobei das -ochse nicht wörtlich zu nehmen ist. Denn Ochsen sind bekanntlich verschnittene Stiere, die ihre Vitalität in langsamer Umsetzung von Kraft Ausdruck verleihen (Zugochsen). Die Urstiere wogen an die 1000 Kilogramm. Sie trugen, wie auch die erheblich kleineren Kühe, spitze Hörner und verfügten über so ungeheuere Kraft, dass Siegfried, der Held des Nibelungenliedes, wohl kaum der »Ure viere« hätte schlagen können. Aber aus Ausdruck seiner besonderen Stärke eigneten sich die gewaltigen Stiere allemal. Die verschiedenen mehr oder weniger verwildert lebenden Nachfahren des Auerochsen nahmen sich die damaligen Münchner und Berliner Zoodirektoren, Heinz und Lutz Heck, zum Vorbild, um das Urrind durch die Kreuzung dafür geeigneter Rassen zurückzuzüchten. Das war in den Zwanzigerjahren. Die Züchtungen waren sehr erfolgreich, und die Rinder gerieten dem Aussehen nach sehr schön, dennoch kam Kritik auf, dass mit den ›Heckrindern‹, wie sie nun genannt werden, der Auerochs doch nicht wiederauferstanden sei. Das war zwar zweifellos richtig, ging aber an der Unternehmung vorbei. Denn bei der Rückzüchtung ging es nicht um einen genetischen Purismus, sondern tatsächlich um Aussehen, Körperbau und Vermögen, wie etwa die Beweidung von Flächen auf ähnliche Weise, wie es vor dem Eindringen der Ackerbauer in den Wäldern Europas noch der Fall gewesen war. Inzwischen sind Heckrinder hochgeschätzte Landschaftspfleger. Zudem bieten sie das Vergleichsprofil, an dem die durch Züchtung verursachten Abänderungen bei den verschiedenen Hochleistungsrindern gemessen werden können. Wir sehen daran, wie sehr die 10 000-Liter-Turbo-Milchkuh züchterisch umgemodelt wurde. Am Verhalten der Heckrinder lässt sich darüber hinaus ablesen, wie artgerechte Rinderhaltung eigentlich gestaltet sein müsste. Späteiszeitliche Höhlenmalereien zeigen Rinder neben Wisenten, Wildpferden und anderen Großtieren im Urzustand. Die Heckrinder können diesen Vorbildern gemäß als gut gelungen eingestuft werden.

Inzwischen wissen wir mehr über die Domestikation des Rindes. In sie sind zwei unterschiedliche Linien bzw. Wildrindarten eingegangen. Die eine hat unsere Hausrinder ergeben. Ihr Ursprung liegt in Vorderasien, wahrscheinlich in der Region des Taurusgebirges. Die andere Rinderform entstand weiter östlich davon auf dem indischen Subkontinent. Aus ihr ging das Zeburind *Bos primigenius indicus* hervor. Ihr Charakteristikum ist der Fetthöcker auf dem Vorderrücken (›Buckel‹). Die meisten der heiligen Kühe Indiens sind dem Typ nach Zebus, aber es gibt, wie auch in Afrika, Mischformen. Die Zebus kommen mit heißem Klima besser zurecht als die meisten europäischen Rinderrassen. Das liegt nicht allein an ihrem hellen, kreidegrauen Fell, von dem das Sonnenlicht stärker reflektiert wird als von braunen oder schwarzen Haaren. Ihr Körper ist schlanker, flacher gebaut. Das vergrößert das Verhältnis zwischen Oberfläche und Körpermasse. Zudem wird die Gefahr der Überhitzung der für den Körper notwendigen Fettreserven durch die Konzentration im aufgewölbten Buckel vermindert. Denn eine dickere Fettschicht unter der Haut isoliert nicht nur gegen Kälte von außen, sondern sie beeinträchtigt auch den Wärmeabfluss aus dem Körper. Die Idealform für die Tropen wäre also ein kleines, leichtgewichtiges Buckelrind. Allerdings nicht für die Rinderhalter, denn von so einer Rasse könnten sie kaum Blut entnehmen oder Milch gewinnen, die Zebus ohnehin in geringeren Mengen geben als europäische Milchkühe. Die Züchtungen stellen daher, wie so oft, einen Kompromiss zwischen den für das Tier optimalen Verhältnissen und den Interessen der Menschen dar. Sind diese auf Fleisch ausgerichtet, wie im Fall der großen

Rinderfarmen in Brasilien, sehen die Zuchtergebnisse bei den Zebus geradezu kolossal aus. Stiere mit 1000 Kilogramm sind nichts Besonderes und auf den bis Südbrasilien reichenden Ausläufern der Pampa durchaus leichtfüßig genug unterwegs, dass sich die Criollo-Pferde der Gauchos auf das Stiertempo einstellen müssen. Südasiatische oder ostafrikanische Mini-Zebus sehen verglichen damit wie Spielzeugversionen aus.

Da der weitaus größte Teil des globalen Rinderbestandes mehr oder minder frei auf Weideflächen lebt, spiegeln die (sehr) verschiedenen Rassen in ihren Besonderheiten das Klima. So tragen die Steppenrinder der ungarischen Puszta aus gutem Grund sehr große, weit ausladende Hörner ähnlich denen der jenseits des Äquators im Hochland lebenden Watussirinder. Überschüssige Körperwärme wird durch das Horn der Hörner aus dem stark durchbluteten Knochenzapfen abgeführt. Das darunter in der Schädelkapsel liegende Gehirn bekommt dadurch eine recht effiziente Kühlung. Diese Wirkung ist bei allen Hornträgern aus der Gruppe der sogenannten Rinderartigen grundsätzlich ähnlich. Daher konnten und können sie die tropischen Savannen erfolgreich als Lebensraum nutzen. Hornlose Kühe zu züchten oder den Kälbchen wohl äußerst schmerzhaft die Anlagen zur Bildung der Hörner zu vernichten, beeinträchtigt daher sicherlich das spätere Wohlbefinden. Sie verlieren damit eine wichtige Möglichkeit zur Temperaturregulierung. Hornlose Rinder können sich gegenseitig und die Menschen nicht durch das Stoßen mit spitzen Hörnern verletzen. Das ist bei der zu großen Enge und der nicht von den Kühen selbst zu wählenden Nachbarschaft in der Massenviehhaltung zwar vorteilhaft, aber dennoch eine Verstümmelung.

Doch all das verrät uns nichts über ihre erstaunliche Eigentümlichkeit, die für die Domestikation der Rinder entscheidend war und die Viehhaltung so besonders ertragreich macht. Diese Eigentümlichkeit tragen sie im Bauch. Es ist ihr System der Verarbeitung und Verwertung von Nahrung. Kühe sind bekanntlich Wiederkäuer. Dürfen sie auf der Weide fressen, drehen sie sich das Gras mit der langen Zunge zurecht und reißen es aus, um es mehr oder weniger direkt zu verschlingen. Gezielt beißen wie die Pferde können sie nicht. Es fehlen ihnen im Oberkiefer die Schneidezähne. An ihrer Stelle gibt es nur eine ziemlich feste Gaumenleiste. Mit dieser drücken sie das von der Zunge umfasste Gras gegen die Schneidezähne des Unterkiefers. Das reicht. Denn was folgt, ist eine ganz andere Form der Verdauung, als uns geläufig ist. Sie zeichnet die Rinder und ihre Verwandtschaft aus. Das Gras oder das Futter, das sie im Stall bekommen, würgen die Rinder in einen großen Vormagen hinab, den Pansen. In diesem setzt, verursacht von Mikroben, eine Gärung ein. Ist diese ein paar Stunden nach dem Fressen weit genug fortgeschritten, legt sich das Rind möglichst nieder, blickt, so mitunter der Eindruck, träumerisch in die Gegend oder nirgendwohin und würgt Portion für Portion in den Mundraum hoch. Dort kaut es das Ganze nun richtig und anhaltend durch, bis ein feiner grünlicher Brei entstanden ist. Dieser wird erneut verschluckt und in die an den Pansen anschließenden Kammern des eigentlichen Magens weitergeleitet. Dort vollzieht sich der zweite Schritt der Verdauung, bis der noch feiner und flüssiger gewordene Nahrungsbrei schließlich in den Darm gelangt. Und alsbald als breiiger Kuhfladen ausgeschieden wird. Vom Grundsatz her gleicht die Verdauung der Ziegen und Schafe derjenigen der Rinder. Aber es gibt beträchtliche Unterschiede, wie am Schafskot oder den Kügelchen ersichtlich, die Ziegen (auch Rehe) hinterlassen. Diese sind viel trockener als ein Kuhfladen. Die Kühe, die gezüchteten Rinder des europäisch-vorderasiatischen Typs, sind nicht auf Ersparnis von Wasser eingestellt wie Ziegen, Schafe und Zebus. Das ermöglicht ihnen eine hohe Milchleistung, so sie nach Belieben und Bedürfnis trinken können. Ein Liter Kuhmilch enthält 870 Gramm Wasser, 45 Gramm Milchzucker und 33 bzw. 35 Gramm Eiweiß und Fett. Ziegenmilch ist fetter und eiweißreicher. Ein Liter menschlicher Muttermilch ist mit 70 Gramm Zuckergehalt noch süßer. Bei den Milchkühen geht es aber vor allem um die Mengen, die möglichst anhaltend gemolken werden können. Die Spitzenleistungen von mehr als 10 000 Liter pro Jahr sind schier unvorstellbar für eine ›Tierproduktion‹. Dass solche Kühe auch besonders gehaltvolles Futter brauchen, muss nicht extra betont werden. Soja vor allem, da Sojaschrot viel Eiweiß enthält. Auf einem Gelände, das Schafe und Ziegen ernährt, könnten keine Milchkühe nennenswerte Zeit leben, geschweige denn in gewohnter Weise Milch liefern. Milchkühe sind daher ein Produkt von Züchtungen in feuchtwarmem Klima mit guten Weiden und reichlich Wasser, das, wenn oberflächlich nicht vorhanden, über Ziehbrunnen auf die Puszta geschöpft wird. Am meisten lässt sich aus den Milchkühen herausholen, buchstäblich, bei der Stallhaltung mit computerisierter Zuteilung von Futter und Wasser und möglichst wenig Bewegung, die Energie kostet und dadurch die Milchleistung mindern könnte. Denn eigentlich es ist gar nicht die Kuh, die diese Leistung vollbringt. Es sind die Mikroben, die Eiweiß herstellen, das die Kuh als Wirtin in die Milchproduktion stecken kann. Die Kuh wird im Grunde für die Mikroben optimiert. Für Mikroben, die dank ihrer Fähigkeiten die Pferde, die ansonsten den Rindern weit überlegen sind, an Bedeutung für die Menschheit in den Hintergrund drängen. Doch an diesen Mikroben liegt es auch, dass die Rinder in Verruf geraten sind. Als Nebenprodukt ihres Stoffwechsels erzeugen sie Methan. Die Rinder rülpsen es aus. Die Mengen pro Kuh sind gewaltig mit täglich 150 bis 250 Liter. Das macht bei eineinhalb Milliarden Rindern global rund 2,8 Gigatonnen Methan, das als Treibhausgas bei der Erwärmung der Erdatmosphäre über zwanzigmal wirksamer ist als Kohlendioxid. Die Viehhaltung in Deutschland übertrifft mit ihren Abfallprodukten und dem hohen Energiebedarf die von unserem Kraftfahrzeugverkehr ausgehende Belastung der Atmosphäre um ein Mehrfaches. Das Super-Haustier Rind lebt nicht zum Nulltarif vom Gras, das von selbst wächst. Seine massenhafte Haltung ist auch keineswegs allein ein Problem des Tierschutzes. Vom Rind gehen gewaltige Belastungen aus. Denn die Erde ist zum Planeten der Rinder gemacht worden.

Ziege

Ziegen meckern immer. Wie bei den Hunden das Bellen liegt es in ihrer Natur. Ziegen finden Meckern in Ordnung; was wir davon halten, interessiert sie nicht. Überhaupt sind ihnen die Menschen ziemlich gleichgültig. Anders als die mit ihnen ziemlich nahe verwandten Schafe scharen sie sich nicht so gern um die Hirten. ›Ziegen Zählen‹ zum Einschlafen klappt nicht. Wo sie wirklich gezählt werden sollten, ist das meist ein schier unlösbares Unterfangen. Denn sie klettern nicht nur über Stock und Stein, sondern auch auf Bäume, in deren Kronen sie sich ziemlich gut verstecken. Groben Schätzungen zufolge gibt es global über siebenhundert Millionen Ziegen. Ein beträchtlicher Anteil davon lebt verwildert irgendwo auf Inseln, in schwer zugänglichen Gebirgen oder in dornigem Buschwerk. Sicher ist lediglich, dass die domestizierte Meckerin das vierthäufigste größere Nutztier nach Rind, Schaf und Schwein ist. Oder das fünfthäufigste, wenn wir den Hund hinzunehmen, bei dem die Streuner eine vielleicht ähnlich hohe Dunkelziffer im Globalbestand bilden. Diese haben sich allerdings nicht wieder zur Ausgangsart, zu Wölfen, zurückentwickelt. Die frei lebenden Ziegen hingegen entsprechen durchaus weitgehend der einstigen Wildform. Von dieser vorderasiatisch-ostmediterranen Berg- und Inselziege *Capra aegagrus* stammen die Hausziegen ab. Einige Ziegenrassen sehen ihr noch recht ähnlich. Sie gelten als primitiv im Sinne von ›ursprünglich‹ und wirken wie zierliche Steinböcke. Es gibt nach gegenwärtiger Ansicht neun unterschiedliche Arten von Ziegen. Arten, nicht Rassen, denn die Zahl der mehr oder weniger voneinander deutlich unterscheidbaren Ziegenrassen geht in die Hunderte. Gezüchtet wurden sie in drei Richtungen, nämlich als Fleischziegen, Milchziegen oder wegen ihrer Haare, die bei einigen Rassen mit zum Feinsten gehören, was sich an Wolle finden lässt. Zu den besonderen Spezies gehören die bizarren Vierhornziegen und die so handzahmen Zwergziegen, die in zoologischen Gärten oft zur Unterhaltung von Kindern im Einsatz sind. Alle Ziegen gehören in die Verwandtschaft der Steinböcke; dass sie dazu neigen, herumzuklettern, entspricht also ihrer Natur. Mangels Kletterfelsen besteigen sie dann gelegentlich das Dach ihres Ziegenstalls oder was sonst dazu geeignet ist, um ihre Blicke in die Ferne schweifen zu lassen. Was wiederum die Besitzer zum Meckern bringt, denn es ist nicht immer leicht, sie zum Herabsteigen zu bewegen. Sie lassen sich nicht einfach mit einer Handvoll würziger Kräuter locken. Ohnehin haben sie wenig Sinn für die Gemeinschaft. Um sich Feinden zu entziehen, vertrauen sie lieber den eigenen Kletterkünsten als der Sicherheit einer Herde oder des Stalles. Schafe zu bewachen ist ein Kinderspiel verglichen mit dem Ziegenhüten. Was soll ein Hütehund auch machen, wenn die Ziege oben im Baum steht und ihn, der um den Stamm herumtobt, keines Blickes würdigt? Oder wenn sie aus steiler Felswand auf seine Bemühungen desinteressiert herunterschaut? Nur dass sie immer zum Wasser müssen, kann als Schwäche ausgenutzt werden. Ebenso ihre Hilflosigkeit, wenn sie auf bereits abgeweideten Flächen stehen und nach etwas zu knabbern suchen. Zu neuen Weidegründen folgen sie den Hirten daher bereitwillig. Also sind es, genau genommen, Durst und Hunger, die die Ziegen gefügig machen, und weniger, falls überhaupt, eine Bindung an den Menschen. Das unterscheidet sie ziemlich stark von den Schafen, die ihren Hütern, ob Mensch oder Hund, fast blind vertrauen. Das ist ein merkwürdiger Unterschied, denn Schaf und Ziege wurden in etwa zur selben Zeit in derselben Region, dem Vorderen Orient, domestiziert. Das geschah vor etwa sieben- bis achttausend Jahren. Über die von Beginn an großen Unterschiede zwischen beiden gibt sogar die Bibel Auskunft. »Weide meine Lämmer, weide meine Schafe«, ist da zu lesen. Von den Ziegen ist nicht die Rede. Vielleicht auch deswegen, weil es die Milch einer Ziege war, die Zeus, den höchsten Gott der griechischen Antike, ernährte, als er als Knäblein auf Kreta in einer Höhle lag. Amaltheia hieß die Nymphe, die sich mit der Milch ihrer Ziege um den später so ausgeprägt zu erotischen Abenteuern neigenden Herrn des Olymps kümmerte. In manchen Schilderungen wird sie als Gattin des Wald- und Hirtengottes Pan vorgestellt, was in Bezug auf die frühe Prägung von Zeus tief blicken lässt.

Ziegen passten zur zerklüfteten Natur der Inseln und des Ostmediterranen Festlandes. Jenseits des Ägäischen Meeres waren sie zwar genauso koscher wie die Hammel, doch offenbar wurden sie bei Weitem nicht so geschätzt. Woran mag das gelegen haben?

Zicklein sind muntere Wesen. Viel ausgeprägter als Lämmchen hüpfen sie

Bunte Deutsche Edelziege
Capra aegagrus hircus

umher, als hätten sie Sprungfedern in ihren Beinchen. Einfach auf den Kaffeetisch zu springen, wie das im Streichelzoo passieren kann, gehört für ein Zicklein zu den geringen Herausforderungen. Sie davon abzuhalten, betrachten sie als Aufforderung zum Spiel. Und dieses beginnen sie gern mit einem Stoß ihres Köpfchens, aus dem schon bald zwei Knubbel wachsen. Kaum haben sie Hörnchen, stoßen und stechen sie damit. Vor allem die Böckchen, wie nicht anders zu erwarten. Aber auch die Weibchen zeigen sich gerne widerspenstig: Versuche, die Mutterziege zu melken, schlagen öfters fehl, selbst wenn sie mit prallem Euter herumsteht. Man muss schon etwas Härte zeigen und ihr ihr Kleines wegnehmen, damit sie der Milchdruck schließlich gnädig stimmt und sie sich melken lässt. Ziegenmilch ist geschätzt, sehr gehaltvoll (wie sich bei Zeus zeigte) und nicht gerade billig. Die Vorstellung, Ziegen ließen sich zu Dutzenden oder zu Hunderten von einer für sie konstruierten Melkmaschine entmilchen wie unsere Kühe, wäre ein reichlich irreales Unterfangen. Zu Zeiten, und sie sind noch gar nicht so lange vergangen, als Ziegen die ›Eisenbahnerkühe‹ waren, mussten sie tagsüber an Pflöcke angebunden herumgrasen, was meistens auf die ansonsten landwirtschaftlich nicht nutzbaren Randstreifen von Straßen, Bahndämmen oder auf Böschungen beschränkt blieb. Da hatten die Ziegen allerdings gute Gründe zum Meckern. Dass ihre vorzügliche Milch dann von der billiger gewordenen Kuhmilch ersetzt wurde, bekam den ›Bahnerkühen‹ nicht so gut. Allerdings war ihre Milch ohnehin weniger zum Trinken gedacht, sondern, wie heute immer noch in manchen Regionen Europas, hauptsächlich für die Erzeugung von Ziegenkäse. Dieser schmeckt zwar typisch ›scharf‹, gilt aber als sehr gesund. Dass er dennoch den Markt nicht überschwemmt und dem Käse aus Kuhmilch Konkurrenz macht, liegt wiederum an der Eigenwilligkeit der Ziegen. Sie lassen sich eben nicht wie Kühe zu Turboziegen machen und auf die Bedürfnisse automatisierter Nutztierhaltung zurechtzüchten. In der großen Mehrheit ihres globalen Bestandes erhielten sich die Ziegen die Freiheit, herumzuschweifen und da und dort von einem Halm, einem Blatt oder einer Knospe zu knabbern. Und sich möglichst auch nach eigenem Gusto zu vermehren.

Für die Züchtung der Ziegen bringt das einige ernstliche Probleme. Die Böcke tun den Geißen durch Duftstoffe kund, dass sie (fast allzeit) bereit sind. Diese Sexuallockstoffe beleidigen die Nasen vieler Menschen. Vielleicht deswegen, weil ihre Funktion verstanden wird, da sie grundsätzlich den menschlichen ähneln. Sie sind für uns Zivilisierte einfach überdosiert. Und das umso mehr, wenn die

Ziegenböcke eingesperrt im Stall gehalten werden. Das entspricht nicht ihrer Natur. Sie sollten im felsigen Buschland prominente Positionen einnehmen können, von wo aus die Luftströmungen ihren Bocksduft verbreiten. Die irgendwo im Dickicht fressenden Geißen entnehmen dem, wohin sie sich wenden können, wenn sie den Bedarf danach haben. Den anderen Böcken teilt die Stärke des Duftes mit, in welcher Verfassung sich der Platzhalter befindet und ob es sich lohnt, ihn zum Kampf herauszufordern. Kein Wunder, dass eingesperrte Ziegenböcke so entsetzlich stinken, wenn ihnen beides verwehrt wird, die freie Luft und der an- und aufregende Rivalenkampf. Dass sie dann diesen mitunter mit Menschen auszufechten trachten, macht sie gefährlich.

Wie gefährlich, das ist ihnen anzusehen. Denn bei den Böcken entwickeln sich die Hörner erheblich stärker als bei den Geißen. Ursprünglich richteten sich die Spitzen aber bogenförmig nach hinten und nicht aus einer vollen Kreisdrehung nach vorn, wie bei manchen Ziegenrassen. Gekämpft wurde nach Art der Steinböcke. Trotz der Wucht der Zusammenstöße, für die sicher kein Mensch seinen Schädel hinhalten möchte, verläuft so ein Ziegenbockkampf fairer als bei den Hirschen. Denn die Hörner schlagen vorn am Stirnansatz aufeinander, also stumpf und durch das massige Horn deutlich gedämpft. Im Freien ausgetragen hat der Schwächere bei so einem Kräftemessen jederzeit die Möglichkeit, sich zurückzuziehen, bevor die Schläge zu schmerzhaft werden oder ein Horn abbricht. Dennoch geschieht dies in freier Natur gelegentlich, wenngleich selten. Die Jüngeren behalten dadurch ihre Chance, nach einigen Jahren und mit mehr Kraft die alten Böcke zu besiegen und zu vertreiben. In Ziegenrassen, in denen dieses von ihrer Stammart herrührende Verhalten noch sehr ausgeprägt ist, müssen daher die Böcke von der Herde mehr oder weniger isoliert werden. Die Aggressivsten lässt man ohnehin nicht am Leben. Junggesellengruppen, wie sie bei Wildziegen entstehen, haben in der Ziegenhaltung so gut wie keine Chance. Die starke Durchdringung ihrer Körper mit den Sexuallockstoffen macht ihr Fleisch zur aparten Spezialität, an der jedoch nur wenige Geschmack finden, so sehr stinkt sie nach Bock. Da Böckchen und Geißlein von Natur aus etwa gleich häufig geboren werden, ergeht es den jungen Ziegenböcken wie den männlichen Jungen der meisten anderen Nutztiere: Sie fallen vorzeitig der sexuellen Selektion zum Opfer, weil die Züchter nicht so viele Böcke haben wollen. Die bloße Tatsache, männlich zu sein, ist bei einer Reihe von Nutztieren bereits tödlicher Nachteil.

Ziegenböcke mussten immer schon für Drastisches herhalten. Im Mittelalter und bis in die Frühe Neuzeit hinein sah man in ihnen das Bild des Teufels. Dass dieser das Weihwasser scheue, ließ sich zwar nicht beweisen, aber Ziegenböcke mögen es tatsächlich nicht, wenn ihnen Wasser in die Augen gesprenkelt wird. In den Trockengebieten, in denen sie eigentlich zu Hause sind, war Spritzwasser von Natur aus nicht zu erwarten. Ihre merkwürdig halbmondförmige Pupille weist hingegen auf ein Leben in Gebieten mit grellem Licht und tiefdunkeln Schatten hin. Aus dem Dunkel des Waldes kam in der vorchristlichen Antike Pan, der ziegenfüßige Gott mit Flöte, und löste panische Angst aus. Diese war wohl mehr von der Art, »halb zog sie ihn, halb sank er hin« (Goethe), denn welches Mädchen hätte sich in Pans Reich begeben, wenn die panische Angst nicht auch anregend und verlockend gewesen wäre. Mit Pan als Vorbild war die christianisierende Mutation zum Teufel nur ein kleiner Schritt. Versatzstücke davon blieben in unserer aufgeklärten Zeit erhalten. Mit Blick auf den Gesamtglobus haben wir mittlerweile jedoch längst andere Probleme mit den Ziegen und ihrer Vermehrung durch ihre potenten Böcke. In ariden Regionen mit ohnehin nur noch spärlichem Bewuchs fressen sie Büsche und Jungbäumchen ab oder vernichten sie ganz.

Denn zusammen mit Ratten und Katzen gehören sie zu den größten Bedrohungen des Lebens auf vielen ozeanischen Inseln, weil sie die Vegetation, die sich darauf in der langen Zeit der Isolation von Kontinenten einzigartig entwickelt hat, kurz und klein fressen. Vor Jahrhunderten waren die Ziegen von Seefahrern, meistens von Seeräubern, auf die Inseln gebracht worden, damit sie sich vermehrten und im Bedarfsfall hungriger Wiederkehr als Frischfleisch genutzt werden konnten. Dank der Potenz der Ziegenböcke und der Genügsamkeit der Geißen hatte nahezu jede dieser Ansiedlungen Erfolg. Allerdings mit der Konsequenz, dass die Vegetation der Insel alsbald geschädigt bis zerstört wurde. Die Menschen, die als gelegentlich oder regelmäßig auftretende Ersatz-Raubtiere kamen, erfüllten nirgends die Funktion der Bestandskontrolle. Es blieb schließlich nichts anderes übrig, als die Veränderung hinzunehmen und als schön zu empfinden, wie etwa bei Capri, der Ziegeninsel, oder aber eine höchst aufwendige Wiederausrottung der Ziegen anzuvisieren, wie auf den Galapagosinseln im Pazifik. Welche und wie viele der global im letzten halben Jahrtausend ausgestorbenen Tier- und Pflanzenarten auf das Konto der Ziegen gehen, ist nicht näher bekannt. Es wird sich kaum noch feststellen lassen, weil auch die Menschen mit der Umwandlung des Naturlandes in Nutzflächen mit Pflanzenarten, die sie ebenfalls eingeführt hatten, ganz direkt an der Zerstörung beteiligt waren. Ziegen und Menschen veränderten in aller Regel gemeinsam die Natur der Inseln. Wie es auch und noch viel umfassender auf den Kontinenten geschah. Da waren und sind die Ziegen geradezu landschaftsgestaltend. Ohne die jahrhunderte- bis jahrtausendelange Beweidung durch Ziegen sähen die Gestade ums Mittelmeer, die jetzt mit Macchien und ähnlicher Dornbuschvegetation überwuchert sind, ganz anders aus. Um die Sahara, im Rift Valley in Ostafrika und vom Vorderen Orient bis nach Zentralasien würde viel mehr und eine ganz anders zusammengesetzte Vegetation wachsen als die dürftige der Gegenwart. Ohne Ziegen könnten dort vielerorts allerdings auch keine Menschen leben. In den sommerheißen Trockengebieten der Alten Welt, insbesondere in den südwestasiatischen Gebirgen oder in Marokko und den Bergen in der Sahara, bilden Menschen und Ziegen seit Jahrtausenden eine Lebensgemeinschaft, eine Symbiose. Wie lange sie im Zuge des rasanten globalen Wandels wohl noch funktioniert?

Schaf

Schafe sind keine Ziegen, das ist klar. Aber worin genau unterscheiden sie sich? Die Hörner mancher Schafrassen sehen ziegenähnlich aus, die Stimme entspricht auch nicht immer dem für Schafe typischen Blöken. Aus Schaf- wie Ziegenhaar lässt sich Wolle herstellen. Milch und Fleisch von beiden haben einen markanten Geschmack. Tatsächlich sind Schafe und Ziegen biologisch recht nahe miteinander verwandt. Ihre wild lebenden Vorfahren stammen aus der gleichen Region im mediterran-vorderasiatischen Raum. Der Europäische Mufflon *Ovis gmelini musimon* repräsentiert die Stammart der domestizierten Schafe *Ovis (gmelini) aries*. Dass die wissenschaftlichen Bezeichnungen dreiteilig ausfallen, drückt die immer noch vorhandenen Unsicherheiten aus, was das (Haus)Schaf ›eigentlich‹ ist und von wem es genau abstammt. Als wahrscheinlich gilt, dass die Domestikation von Wildschafen in Anatolien vor gut zehntausend Jahren stattgefunden hat. Mit der dortigen Unterart des Mufflons *Ovis gmelini anatolica* sollen die ersten Versuche von Haltung und Zucht vorgenommen worden sein. Auf die heutigen ›Muffloninseln‹ Sardinien und Korsika gelangten Europäische Mufflons aus dem östlichen Mittelmeerraum etwa im fünften Jahrtausend vor unserer Zeitrechnung. In Jagdreviere nördlich der Alpen und an anderen Stellen Europas wurden sie erst in neuerer Zeit ausgewildert.

Mufflons tragen die Hörner in ›Schnecken‹, deren Spitzen sich mit fortschreitendem Alter der Böcke seitlich nach außen gedreht weiterentwickeln. Bei den weiblichen Mufflons bleiben die Hörner (viel) kleiner. Die Böcke tragen zur Brunftzeit heftige Stoßkämpfe untereinander aus, so sie kräftemäßig einander etwa gleichkommen. Dabei stürmen sie aufeinander aus mehreren Metern Distanz los, richten sich im letzten Moment auf und lassen im Niederfallen die Hörner etwas oberhalb des Stirnansatzes aufeinander krachen – mit aller Wucht, die ihnen möglich ist. So ein Kampf wirkt sehr eindrucksvoll. Wir Menschen eignen uns nicht einmal für jüngere Schafböcke als Sparringspartner. Mit den Hörnern stoßen sich auch die weiblichen Tiere gelegentlich; Junge beiderlei Geschlechts sowieso. Entstanden die Hörner also als Mittel zum Kampf? So sehr es den Anschein auch machen mag, so wahrscheinlich ist doch ein anderer Ursprung, der unsichtbar ist, aber immer noch nachwirkt. Eine Wärmebildkamera würde darüber Aufschluss geben. Sie würde zeigen, was all jene selbst erfahren, wenn sie Hornträgern bei kalter Witterung an die Hörner fassen, am besten am Ansatz nahe dem Schädel. Sie werden sich warm anfühlen, sehr warm sogar. Denn wie bei den Rindern sitzen die Hörner wie aufgestülpt auf Knochenzapfen. Diese sind stark durchblutet. Sie wachsen selbst im Lauf der Jahre und scheiden das Horn ab, das außen aufsitzt und sich mit entwickelt. Im Prinzip funktioniert es wie bei unseren Finger- und Zehennägeln. Die Blutzufuhr in die Knochenzapfen kann aber vom Körper reguliert werden. Soll dieser wenig oder keine Wärme über die Hörner verlieren, wird der Blutstrom gedrosselt. Und umgekehrt. Die Hörner wirken also auch als Thermoregulatoren. Das dürfte ihre ursprüngliche Funktion gewesen sein, als sie sich entwickelten. Denn dabei geht es um die Kühlung des Gehirns, das sich auf keinen Fall überhitzen darf. Wenn von unserer Stirne der Schweiß rinnt, spüren wir ganz direkt, was angesagt ist. Nun haben wir aber die Möglichkeit, auf der nahezu ganzen Körperoberfläche zu schwitzen. Wer hingegen, wie die Schafe und Ziegen, in dichtes Haar eingehüllt ist, das wir aus guten Gründen zu wärmender Bekleidung weiterverwerten, würde beständig in der Gefahr leben, sich innerlich zu überhitzen. Der Kühlmechanismus sollte besonders gehirnnah ansetzen. Über die reich durchbluteten Knochenzapfen mit den Hörnern darauf geht das jederzeit. Geweihe hingegen, die ganz aus Knochen bestehen, der nach Abschluss seiner Bildung abstirbt, gelingt das nur unzureichend während eines Teils des Jahres, wenn das Geweih ›im Bast‹, also von lebendem Gewebe umgeben ist. Horn- und Geweihträger unterscheiden sich in dieser Hinsicht sehr stark.

Möglicherweise war das Problem der ausreichenden Kühlung ein Grund dafür, dass es Hirsche und ihre Verwandtschaft nicht geschafft haben, ins tropische Afrika einzudringen, wo es die größte Mannigfaltigkeit von Hornträgern gibt. Und wo sie, wie in Südamerika, in subtropischen und tropischen Regionen leben, halten sich die Hirscharten in feuchtem bis sumpfigem Gelände auf. Nun gut, aber was hat dies mit dem Schaf als Haustier zu tun? Viel, weit mehr, als man zunächst geneigt ist anzunehmen. So drückt sich in Größe und Form der Hörner bei den Schafrassen aus, unter welchen klimatischen Bedingungen sie gezüchtet worden sind. Langhornige Zackelschafe passen zu den sommerheißen Gebieten, kurzhornige und ganz hornlose mit besonders dichtem Fell hingegen zu den kühlen und kalten Regionen. Mehr noch, auch die Art der Fettspeicherung hängt mit dem Klima zusammen. Fettsteißschafe kommen gut in trockenheißen Gebieten zurecht, in denen, wie in den Vorder- und Zentralasiatischen Hochebenen oder in Südwestafrika, oft lange Zeit keine Niederschläge fallen. Die Schafe brauchen aber Wasser, sonst funktioniert ihre Verdauung nicht. Das im Schwanzansatz gespeicherte Fett dient bei ihnen als Wasserspeicher, denn bei der Verwertung von Fett im Stoffwechsel wird Wasser frei. Das Prinzip ist uralt. Auch manche Reptilien benutzen Fettspeicherung im Schwanz, und auch bei Menschen kann Reservefett an entsprechender Stelle auffällig gespeichert werden.

Und da wir schon beim Menschen sind: zwischen ihm und den Schafen findet sich noch eine andere Übereinstimmung, von der allerdings eines der grausamsten Kapitel der Beziehung von beiden ihren Ausgang nimmt: Bei den Lämmchen der Karakulschafe entwickelt sich vor der Geburt ein dichtes Fell aus stark gekräuselten schwarzen Haaren. Die hochträchtigen Mutterschafe werden zur passenden Zeit so geschlagen, dass sie eine Frühgeburt erleiden. Dem Lamm wird das Fell abgezogen und zum berühmt-berüchtigten Breitschwanz-Persianermantel verarbeitet. Diese Pelzmäntel sind Produkt einer der schlimmsten Tierquälereien, die in großem Umfang praktiziert wird. Wer solche Persianer trägt, sollte sich bewusst sein, was damit verbunden ist. Die Parallele zum Menschen besteht darin, dass das Menschenbaby vor der Geburt auch ein so genanntes embryonales Haarkleid entwickelt. Die medizinisch-fachliche Bezeichnung ist Lanugo. Es entsteht in der 13. bis 16. Woche der Schwangerschaft und wird vor der Geburt normalerweise bereits wieder abgestoßen. Der Ausdruck enthält das lateinische Wort *lana* für Wolle. Beim Karakulschaf, das zur Gruppe der Fettschwanzschafe gehört, bedeutet *kara* schwarz. *Kul* (oder *gul*, türkisch *göl*) wird als ›See‹ gedeutet, denn das stark gewellte Haar des Karakul-Lämmchens soll an die von Wellen gekräuselte Oberfläche eines dunklen Gewässers erinnern. Auch die traditionelle Karakulmütze wird aus dem Fell des jungen Karakulschafes hergestellt.

Das übliche Scheren der Schafe ist demgegenüber harmlos und ihnen sogar angenehm, wenn das Fell zu dicht geworden ist. Schafwolle war über Jahrtausende der Rohstoff zur Herstellung wärmender Kleidung. Sie machte die frühen

Heidschnucke
Ovis gmelini aries

Siedler in Argentinien, Südafrika und vor allem auch in Australien reich; Regionen, in denen domestizierte Schafe zu vielen Millionen leben. In den neuen Welten, die sich die Europäer in ihrer Kolonialepoche unterworfen hatten, gab es bald schon ein Vielfaches mehr an Schafen als in ihrem Herkunftsgebiet und seiner weiteren Umgebung in Zentralasien und Nord- bzw. Ostafrika. Der globale Bestand der Hausschafe übersteigt eine Milliarde. Sie gehören damit auch zu einer der wichtigsten Quellen für Treibhausgase, insbesondere für Methan, das bei ihrer Verdauung wie bei den Rindern und Ziegen und den anderen Wiederkäuern frei wird. Methan ist als Treibhaus pro Molekül über zwanzigfach wirksamer als Kohlendioxid. In der Methanfreisetzung steckt jedoch der biologische Erfolg der Wiederkäuer, speziell solcher wie Schafe und Ziegen, die mit sehr dürren, fast unverwertbar erscheinenden Pflanzenstoffen zurechtkommen. Das Prinzip ist uns schon vom Rind bekannt: Im gekammerten Magen bearbeiten und zersetzen Mikroben die Zellulose und stellen daraus letztlich Mikrobeneiweiß her. Aus diesem wird – je nach Typ, der gezüchtet worden ist – Milch oder Haar, natürlich auch ›Fleisch‹, solange das Tier wächst oder Nachwuchs bekommt. Das Methan, welches beim Abbau der Zellulose freigesetzt wird, ist der Preis für die üppigen Milcherträge, starken Haarwuchs und regelmäßig geborene Junge. Australien belastet mit seinen vielen Millionen Schafen daher die Erdatmosphäre durchaus vergleichbar wie die Europäer mit dem Straßenverkehr.

Das müsste nicht so sein, würden die in Australien von Natur aus vorkommenden großen Kängurus als Fleischlieferanten genutzt und nicht vornehmlich zu Tierfutter verwertet. Diese ›Verarbeitung‹ folgt ihrem millionenfachen Abschuss, um sie als Konkurrent der Schafe kurzzuhalten. Dabei verdauen Kängurus das harte, oftmals recht dürre Gras Australiens auf eine Weise, bei der kein Methan freigesetzt wird.

Auf Neuseeland, einem weiteren Schwerpunkt der Schafhaltung, kamen Schafe von Natur aus überhaupt nicht vor. Sie fehlten auch in der argentinischen Pampa, wo insbesondere im südlichen Teil, in Patagonien, Abermillionen Schafe das Land beweiden – und veränderten. Schafe können, wie gebietsweise in Europa, sehr wohl sehr gut zur Landschaftspflege eingesetzt werden. Doch wie bei den Ziegen hängt es von der Menge der Tiere und der Intensität des Verbisses der Pflanzen ab, ob ihr Tun ›gut‹, im Sinne von günstig für die Natur der Landschaft, oder zerstörerisch wirkt.

Was ist nun der Unterschied zwischen Schaf und Ziege? Am auffälligsten ist dieser im Sozialverhalten. Anders als die Ziegen lassen sich die Schafe leicht als Herde führen. Sie beweiden dann die Fläche, die man ihnen überlässt. Jahrtausende Erfahrung und der Einsatz von Hütehunden zeitigten Ergebnisse, die aus heutiger Sicht als nachhaltig zu bezeichnen sind. Mit der Ausbreitung der Wölfe gerät die Schafhaltung, die im dritten Viertel des 20. Jahrhunderts einzugehen schien und mit staatlichen Subventionen erhalten werden musste, auf andere Weise unter Druck. Die Rückentwicklung zur Landschaftspflege und die Rückkehr der Wölfe schaffen Verhältnisse wie in alten Zeiten. Der dritte Partner, der Herdenschutzhund, ist gefragt wie seit Jahrhunderten nicht mehr. Er ist in seiner schafweißen Zuchtform buchstäblich der Wolf im Schafspelz; der ›gute‹ Wolf. Nur wenige Gene, aber viele Jahrtausende ganz andersartiger Lebensweise trennen ihn von seinen wilden Vettern, den echten Wölfen.

Schwein

Die Domestikation traf kein Tier so hart wie das Wildschwein. Die heutigen Mastschweine sind kaum etwas anderes als die lebendige Vorstufe zur künstlichen Fleischerzeugung. Rund 28 Millionen Schweine stecken in Deutschlands Ställen zum alleinigen Zweck, so schnell wie möglich zu Kotelett, Schnitzel und Würsten zersägt zu werden. Geschlachtet wird jährlich gut die doppelte Anzahl, weil ca. sechs Monate ausreichen, die ›Schlachtreife‹ zu erlangen. Jeder Deutsche, ausgenommen jener Teil der Bevölkerung, der vegetarisch lebt oder aus religiösen Gründen kein Schweinefleisch isst, verzehrt pro Jahr sein eigenes Körpergewicht in Schweineprodukten. Global gibt es fast eine Milliarde Hausschweine. Nur Rinder übertreffen ihre geballte Masse mit einem noch höheren Gesamtlebendgewicht. Allerdings mit weit geringerem Bedarf an Futter, das auch für Menschen direkt oder indirekt verwertbar wäre. Das Schweinefleischtabu gründet nach Ansicht mancher Haus- und Nutztierforscher auf der Konkurrenz der Schweine mit den Bedürfnissen der Menschen. Wie nah sich physiologisch, also in ihrem organischen Innenleben, Mensch und Schwein sind, zeigt die Tatsache, dass Schweineherzen in Menschenkörper verpflanzt sogar einige Zeit funktionierten. Wie der Mensch ist das Schwein eben ein Allesesser. Ob es diese Ähnlichkeit ist, die den Mensch so grausam gegenüber den Schweinen handeln lässt? Nähmen wir einmal wörtlich, dass das Schwein ein Heimtier wäre, und hielten wir es unter ›artgerechten‹ Bedingungen, ließe sich hingegen entdecken, dass es ein reizender und ziemlich reinlicher Mitbewohner sein könnte.

Nach solchen Zuständen muss man allerdings ziemlich lange suchen. Staunend erlebte ich vor ein paar Jahren, wie der Ökopionier Karl Ludwig Schweisfurth freudig von seinen großzügig im Freilauf gehaltenen Schweinen umringt wurde, als er zu ihnen auf die Weide kam. Im Nu waren wir umgeben von leichtfüßigen, geradezu elegant gebauten und sichtlich interessierten Tieren, die nicht wie Wildschweine oder besondere Zuchtrassen, Hängebauchschweine zum Bei-

Large White
Sus scrofa domestica

spiel, in Zoos zu den Besuchern kommen und um Futter betteln. Nein, diese Schweine berochen uns, wollten offensichtlich hinterm Ohr gekrault werden, denn sie quittierten es mit zufriedenem Grunzen, und liefen zwischendurch hintereinander her. Doch so interessant meine Frau und ich als Besucher auch für die Schweine waren, der große alte Herr war ihr Ziel. Um ihn scharten sie sich wie Schafe um den Hirten, doch unvergleichlich munterer, aktiver und mit einem Quieken und Grunzen, dass wir lachen mussten. Und noch ein Wildschweinerlebnis fiel mir ein, das schon einige Jahrzehnte zurücklag: In einem Forst bei München hatte es ein Wildschwein namens Stasi gegeben. Auf diesen Namen hörte es und lief, gerufen, aus dem Wald in den Garten des Gasthauses, wo es eine Flasche Bier bekam. Geschickt fasste es diese mit den Zähnen, hob den Kopf weit genug an, dass das Bier gut in die Kehle fließen konnte, und grunzte quietschvergnügt, wenn danach der Schaum, zumal bei Weißbier, wie kochend aus der Schnauze schäumte. Eine Flasche Bier oder an Sommersonntagen auch zwei davon schafft ein stattliches Wildschwein, ohne besoffen zu werden. Damals hielt ich die Stasi für etwas ganz Besonderes. Doch Stasi war ein mit dem modernen Leben nicht vertrautes, als Frischling von Menschen gefüttertes Wildschwein, das im Wald aufwuchs und dort auch blieb. Wie lange, weiß ich nicht. Wahrscheinlich wurde Stasi doch irgendwann bei einer Treibjagd im Staatsforst erschossen.

Einer im Durchschnitt gewiss weit besseren Zukunft grunzen Wildschweine entgegen, die es geschafft haben, das gefährliche Leben in Wald und Flur mit dem schönen, sichereren in der Großstadt zu tauschen. Besonders begehrtes Ziel ist Berlin, die Weltstadt, die tatsächlich ein Herz für Schweine hat, und nicht bloß so tut als ob. Über fünftausend leben im Stadtgebiet, und sie leben gut in der Umgebung von Frittenbuden, in Vorgärten und in den Parkanlagen. Wer mitbekommt, wie umsichtig und gekonnt eine Wildschweinmutter ihre Frischlinge über die Straße führt, wenn der Verkehr es gerade zulässt, kommt aus dem Staunen kaum heraus. Der Blindenhund muss mühsam lernen, sich und den zu führenden Menschen auf den Autoverkehr einzustellen. Das Wildschwein bringt das anscheinend von Natur aus mit, den Ruf mit eingeschlossen, der ein säumiges Wildschweinkind veranlasst, auf der anderen Straßenseite zu warten, bis das Überqueren wieder gefahrlos möglich ist. Einer Wildsau mit ihren Jungen draußen im Wald zu begegnen, legt einen vorzeitigen, durchaus ehrenvollen Rückzug nahe, um ihren Zorn nicht zu erregen. In Berlin kann man der ganzen Familie zusehen, wie sie zwischen den Bäumen neben der Chaussee auf ihre Weise Gartenarbeiten verrichten, ohne dass sich die Mutter von den Menschen stören lässt, die ihr dabei zusehen und sie fotografieren. Doch in so manchem Hund steckt die uralte Erfahrung der Wölfe, dass Wildschweine mit Jungen mindestens so gefährlich sind wie ein kampferprobter Eber. Ängstlich zerren sie an der Leine und wollen weg. Stadtluft macht frei, das ist die neue Erfahrung der Wildschweine, nach Jahrhunderten und Jahrtausenden der Verfolgung. Dabei ging es keineswegs wie bei Obelix in erster Linie um den Wildschweinbraten, sondern vor allem auch darum zu verhindern, dass ein wilder Eber nach Eberart über die Hausschweine kam und diese schwer zu bändigende Mischlinge zur Welt brachten. In der bis heute sehr wichtigen Trennung von Haus- und Wildschwein steckt die noch immer nicht vollständig beendete Geschichte der Domestikation. Wildschweine können verschiedene hochgradig ansteckende Krankheiten in die Hausschweinbestände tragen – und umgekehrt. Besonders bedeutsam war die mögliche Ansteckung, als die Hausschweine noch überwiegend in die Wälder zur Mast getrieben wurden.

In den ›Mastjahren‹ setzten sie am meisten Speck an, denn es gab Eicheln und/oder Bucheckern in Massen. In der Forstwirtschaft spricht man noch immer von Mastjahren, wenn diese Bäume besonders reichlich Früchte ansetzen, obwohl die Trennung von Wald und Weide längst vollzogen ist. Mit der Verbannung der Hausschweine aus den Wäldern wurde die Pflanzung von Monokulturen möglich, weil die gesetzten Bäumchen nicht mehr entwurzelt oder aufgefressen wurden. Reh und Hirsch waren durch übermäßige Bejagung so selten, dass sie das Aufwachsen der in Reih und Glied gepflanzten Jungfichten auch nicht beeinträchtigten. Schöne, wilde Waldpanoramen, wie sie die alten Landschaftsmaler in ihren Bildern festgehalten hatten, sehen wir seither nur noch im Museum oder in abgelegenen, schwer erreichbaren Wäldern. In Sonderbeständen, wie z. B. in den Korkeichenwäldern im westlichen Spanien, erwarten wir sogar, dass die freie Haltung von Schweinen weiter betrieben wird, weil wir den Serrano-Schinken so schätzen. In unsere Wälder dürfen die Hausschweine nicht mehr. Die Aussperrung kam allerdings ihrer nach wie vor frei lebenden Wildschweinverwandtschaft zugute. Sie fing an, sich zu vermehren, insbesondere nach der Reaktorkatastrophe von Tschernobyl, als Waldpilze radioaktiv verstrahlt wurden und man die Jagd auf die über ihre Nahrungssuche ebenfalls belasteten Wildschweine verringerte. Seither und weiter gefördert durch den Massenanbau von Schweinefutter, genannt Mais, geht es den Wildschweinen so unglaublich gut, dass sich die deutschen Jäger außerstande sehen, ihre geradezu explosive Vermehrung zu bremsen. In den zwanzig Jahren bis zur Jahrtausendwende verzehnfachte sich die Abschusszahl von Wildschweinen. Diese reagierten darauf mit noch stärkerer Vermehrung und der Eroberung der Städte.

Damit befinden wir uns gegenwärtig in der ganz außergewöhnlichen Situation, dass es sowohl beim Haustier Rekordbestände gibt als auch bei der frei lebenden Wildform. Nicht auszudenken, gäbe es solches auch bei Pferd und Rind. Zigtausende Wildpferde frei in Mitteleuropa und noch mehr Stiere einer Qualität, die die besten spanischen Kampfstiere zu nichtswürdigen Gegnern degradieren würden. Bei den Wildschweinebern verhält es sich so. Doch von Mensch und Hunden nicht zum Kampf herausgefordert, grunzen sie sich durchs Dickicht, und den Jägern bleibt das Nachsehen, so sicher wittern die Schweine mit ihren scharfen Sinnen die Gefahr. Warum es den Wildschweinen so gut geht, wo doch ihre domestizierten Verwandten in unserer Zeit so arme Schweine sind, ist unter Wildbiologen umstritten. Die einen machen eine falsche Form der Bejagung verantwortlich, die anderen vermuten den Klimawandel als Grund. Ob dieser unsichere Faktor jedoch überhaupt durch die dicke Schwarte der Borstentiere dringt, lassen sie lieber ungeprüft. Die nächstliegende Erklärung passt politisch nicht ganz ins Konzept und besteht darin, dass die Überdüngung des ganzen Landes den Wildschweinen besseres, gehaltvolleres Futter wachsen lässt, den Mais mit eingeschlossen. Dabei weiß jeder Landwirt, der Schweinemast betreibt, dass der ›Zuwachs‹ vom Gehalt des Futters abhängt. Wäre aber die Landwirtschaft selbst der Verursacher des Wildschweinbooms, müsste sie eigentlich auch die Schäden selbst tragen und die Jäger dafür bezahlen, dass sie Wildschweine jagen. So mancher Jäger, der zähneknirschend die teuere Jagdpacht zahlt, wird sich ähnliche Gedanken gemacht haben. Im Schweizer Kanton Genf erprobt man seit Jahrzehnten eine Alternative. Dort wurde die herkömmliche Jagd völlig abgeschafft. Sollte es zu Schäden durch das Wild, wie etwa durch Wildschweine, kommen, greifen Berufsjäger ein. Das kostet die Bevölkerung des Kantons im Jahr so viel wie eine Tasse Kaffee, verminderte aber die Scheu des Wildes nachhaltig, sodass es weniger Wildschäden als vorher gibt. Das mag zunächst verwundern, ist aber eigentlich ganz logisch. Denn wenn das extrem scheu gemachte Wild gezwun-

Bentheimer Landschwein
Sus scrofa domestica

gen ist, tagsüber im Schutz des Waldes zu verharren, und nur in der Dunkelheit hinaus kann, um sich zu ernähren, steigen die Verbissschäden im Forst und das Kollisionsrisiko mit den Autos. Mit den auch am Tag aktiven Wildschweinen in Berlin gibt es viel seltener einmal einen Verkehrsunfall als nächtens draußen in Wald und Flur. Und eine Kollision mit einem Wildschwein kann fatal ausgehen.

Soweit die Gegenwart. Übrigens verhält es sich in den USA ähnlich wie bei uns, obwohl das Wildschwein dort künstlich eingebürgert worden ist und lange Zeit ziemlich unauffällig geblieben war. Als Tierart ist es nur in Eurasien verbreitet, hat aber nahe Verwandte im indomalayischen Raum und in Afrika südlich der Sahara. Verwandtschaftlich von den echten Schweinen weiter entfernt stehen die mittel- und südamerikanischen Pekaris. Sie sind zwar beträchtlich kleiner als europäische Wildschweine, aber die Familien oder Familienverbände, in denen sie leben, können so aggressiv werden, dass es ihr einziger ernst zu nehmender natürlicher Feind, der Jaguar, vorzieht, Tag und Nacht in Baumkronen zuzubringen, bis sich der Zorn der Pekaris gelegt hat. Würden sie ihn erwischen, wäre er in Augenblicken von ihren scharfen Zähnen verhackstückt. Jaguare versuchen daher, vereinzelte Pekaris zu erbeuten, die sich zu weit von der Rotte entfernt haben. Rasch in Zorn geraten auch die afrikanischen Warzenschweine, deren Gesicht mit seinen verschiedenen Wulsten nicht gerade unseren Schönheitsvorstellungen entspricht. Auch Löwen jagen diese Schweine nur in der Not. Die Wildschweine sind, so darf man sicherlich festhalten, ein Erfolgsmodell, das keiner Verbesserung bedürftig war und ist.

Dementsprechend ging es mit den Schweinen nach ihrer Domestizierung qualitativ abwärts und nur der Masse nach, also quantitativ, aufwärts. So manches hochgezüchtete Schwein würde, auf sich allein gestellt, wohl nicht mal einen einzigen Tag überleben. Für ein Wildschweinleben sind Hausschweine nicht mehr tauglich. Die heutigen, muss einschränkend betont werden. Denn als in der großen Zeit der Seeräuber die globale Kolonialherrschaft der Europäer über die Meere erzwungen wurde, setzten diese und auch angeblich ehrenwerte Eroberer überall Hausschweine aus, um an jedem vorhersehbaren Ort zum zukünftigen Ankern über eine lebende Essensreserve zu verfügen. Die Schweine sollten dann, ähnlich wie auch die Ziegen, ihren Hunger nach Fleisch stillen. Diese durch Zucht noch nicht so verformten, durchaus noch waldläufigen Schweine vermehrten sich, verwilderten und härteten sich ab. Die natürliche Selektion machte aus ihnen in wenigen Generationen lebenstüchtige und den örtlichen Verhältnissen angepasste Formen, dass sie geradezu Kronzeugen von der Wirksamkeit dieses Mechanismus in der Natur wurden. Und dabei die ortsheimische Tier- und Pflanzenwelt (un)gehörig veränderten. Es ist also durchaus nicht so, dass nur Menschen, die irgendwo in der Wildnis stranden und auf sich gestellt ihr Weiterleben zu meistern haben, die Tünche der Zivilisation erschreckend rasch verlieren. Den verwildernden Haustieren ergeht es genauso. Wir gehören eben zusammen, seit vor Jahrtausenden die Gemeinschaft begann. Zum Zeitpunkt ihres Beginns ist anzunehmen, dass eine mehr oder weniger beständige Haltung von Schweinen und ihre Weiterzucht erst möglich geworden waren, nachdem eine hinreichend effiziente Landwirtschaft entsprechende Überschüsse an (Futter-)Getreide lieferte und genug Küchenabfälle anfielen. Die Hausschweinwerdung war wie alle Domestikationen ein langsamer Prozess, dessen Anfang kaum zu fassen ist und dessen vorläufiges Ende erst im 19. Jahrhundert eingesetzt hat. Die Vollendung des Hausschweins in seinem extremsten Stadium fällt in das 20. Jahrhundert und ist unseren unmittelbaren Vorfahren und Zeitgenossen anzulasten. Als in grauer griechischer Vorzeit Herakles den erymanthischen Eber erschlug, ahnte er nicht, welche Spätfolgen diese Tat zeitigen sollte. Millionen Schweine werden mit proteinreichem Futter gemästet, während Millionen Menschen hungern. Mit dem Wohlstand der Menschen steigt die Gier nach Fleisch. Zurück zum Verhalten der Steinzeitmenschen, die sich als Jäger und Sammler vom Fleisch großer Tiere ernährt hatten, drängt uns das Bauchgefühl. Umgesetzt wird es in unserer Zeit mit Schweinesteak und Rinderbraten. Das Leben mit den Schweinen funktionierte über Jahrtausende durchaus wie eine Symbiose. Doch nun verschiebt man die Beziehung extrem zu unseren Gunsten. Die Schweine werden in unmenschlicher, ihr Leiden verachtender Weise wie in schlimmsten Formen von Parasitismus ausgebeutet. Im Gegenzug bekommen wir Schweinegrippe und viele andere Krankheiten. Symbiose bedeutet Nehmen und Geben auf hinreichend ausgewogene Weise. Bedenkenswert beim nächsten Schweinebraten.

Pferd und Esel

Das edelste unter den Haustieren ist das Pferd. Diesem Urteil stimmen sicher nicht nur Pferdeliebhaber zu. In den heraldischen Statussymbolen der Mächtigen dominieren zwar Löwen und Adler – Löwen vor allem dort, wo es diese längst nicht mehr gibt –, aber diese Tiere wirken durch ihren imposanten Auftritt von Natur aus edel. Daran konnte nicht herumgezüchtet werden. Beim Pferd ist das anders. Nicht die in der Härte des freien Lebens erprobte Wildform prägt das Bild des Pferdes, sondern die weit schöneren Formen von Rassepferden. Monarchische Selbstüberhöhung ließ sich als Reiterstandbild hoch zu Ross in Erz gießen oder in Öl malen. Die Beispiele reichen von Alexander dem Großen mit seinem Hengst Bukephalos, römischen und preußischen Kaisern, bis zu russischen Zaren, südamerikanischen Freiheitshelden und Napoleon. Das Rittertum prägte jahrhundertelang die europäischen, aber auch manche vorder- und einige ostasiatische Kulturen. Pferde verbreiteten Angst und Schrecken, wenn Säbel schwingende oder lange Lanzen tragende Reiter auf ihnen in die Schlacht stürmten. Als die ersten Reiter aus Zentralasien in den griechisch-ägyptischen Kulturraum eindrangen, hielt man sie für Kentauren, für Mischwesen aus Mensch und Pferd. Zunehmende Kenntnis der Pferde entzauberte diese Vorstellung. Früh wurden sie durch gezielte Zucht größer und in ihrer Körperform verändert. ›Ramsköpfig‹, also ähnlich geformt wie der Kopf eines Widders (engl. *ram*), sind manche der als edel eingestuften Pferderassen. Selbstverständlich gingen Erwägungen zum Gebrauchsnutzen auch die Schönheitsideale mit ein. Ein besonders schnelles oder kampfwilliges Pferd musste einfach schön sein. Ob das Edle gezüchteter Pferde, wie dem Englischen Vollblut oder der Araber, allein in ihrer Schnelligkeit begründet liegt, darüber ließe sich trefflich streiten.

Eindeutig hingegen ist die Überlegenheit mancher Zuchtrassen bei besonderen Leistungen. Kein Tarpan oder Przewalski-Wildpferd erreicht an Schnelligkeit, Sprungkraft und erlernbarer Präzision von Bewegungen die Klasse von

Vollblutaraber

Equus ferus caballus

Vollblut- oder auch Warmblutpferden. Und neben massigen Kaltblutpferden wirkten Wildpferde wie Jungtiere. Darin entsprechen die Zuchtpferde den verschiedenen, auf bestimmte Leistungen gezüchteten Hunderassen. Ist eine davon schöner, ›edler‹, als der Wolf? Zweifellos Ansichtssache. Aber dennoch besteht ein beträchtlicher Unterschied zum Pferd, denn nach allem was wir über Größe und Aussehen seiner Wildform wissen, aus der im Lauf von Jahrtausenden die großartigen Reitpferde gezüchtet wurden, waren die Ausgangsformen vergleichsweise unauffällig. Sie dürften Ponys, wie den polnischen Koniks, ähnlich gesehen haben. Schon in den Dülmener Wildpferden steckt Veredelung durch lange, zielgerichtete Zucht.

Immer wenn eine Wildtierart durch Züchtung vergrößert werden kann, gilt auch, dass Klein- und Zwergformen entstehen können. Die kleinsten Ponys haben nur etwa Ziegengröße. Die größten Kaltblüter reichen mit ihrer Körpermasse von 1000 Kilogramm in die Kategorie großer Stiere. Zwergponys wiegen ausgewachsen dagegen im Extremfall nur gut 10 Kilogramm. Sie trippeln beim Laufen. Die Großen stampfen. Die optimale Kombination von Körperproportionen und Körpermasse ergibt ein gutes Reitpferd. Besonders Araber scheinen im Galopp über dem Boden zu fliegen. Tatsächlich berührt diesen für Bruchteile von Sekunden kein Huf. Die Höchstgeschwindigkeiten sind enorm. 70 bis 80 Stundenkilometer können Galopper kurzfristig erreichen. Schneller sind lediglich einige Antilopen und Gazellen sowie das schnellste Landsäugetier, der Gepard. Doch was das Pferd auszeichnet, ist seine Ausdauer. Hohe Geschwindigkeiten hält es lange durch, fast so lang wie Windhunde und Nordische Schlittenhunde. Die Ausdauer teilen sie mit den Menschen, eine Gemeinsamkeit, auf die noch zurückzukommen ist. Widmen wir uns zunächst noch einmal der Größe. Wildpferde, die während der Eiszeit von großer Bedeutung als Jagdwild für die Menschen waren, hatten eine für die Domestizierung handhabbare Größenklasse. Diese lag beträchtlich unter jener der Wildrinder, aus denen das Hausrind gezüchtet wurde. Zudem lebten die Wildpferde in Kleingruppen, was für eine erfolgreiche Domestikation ganz wesentlich ist. Einzelgängerische Säugetiere eignen sich nicht oder nur unter besonderen Bedingungen für Haltung und Zucht. Eine solche Ausnahme ist die Hauskatze. Aber diese hat sich, wie wir gesehen haben, auch sehr viel von ihrer Selbständigkeit bewahrt.

Die Domestikation der Wildpferde begann vor vielleicht siebentausend Jahren in der eurasiatischen Steppe. Bis so etwas wie ein echtes Hauspferd entstanden war, vergingen viele Jahrhunderte. Der Anfang mag sich über ein Jahrtausend und länger hingezogen haben. Die Ansichten, wo und wann sich der Prozess ereignete, gehen weit auseinander. Genetischen Forschungen zufolge könnten bis zu 77 Stuten aus unterschiedlichen Regionen zur Entstehung des domestizierten Pferdes beigetragen haben. Das Gebiet, in dem diese gelebt hatten, ist größer als ganz Europa. Damit sind Herkunft und Domestikationszeit des Pferdes weit weniger geographisch eingegrenzt als bei Rind, Schaf und Ziege. Doch ist das verwunderlich bei einem Tier, das in den offenen Weiten der Steppen lebte – und das den verfügbaren Funden zufolge offenbar weniger geografisch variierte als die ›Tigerpferde‹ Afrikas, die Zebras. Von diesen gibt es drei verschiedene Arten und eine ganze Reihe von unterschiedlich gestreiften Unterarten, während im viel ausgedehnteren Raum Eurasiens nur zwei Wildpferdarten vorkamen, der Tarpan als ›Wald-Wildpferd‹ und das Przewalski-Pferd der Steppen. Ein Tier, das mühelos zum Horizont laufen und dahinter verschwinden kann, lässt sich eben nicht auf ein kleines Gebiet eingrenzen. Von den Menschen, welche in jenen fraglichen Zeiten in der eurasiatischen Steppe lebten, wissen wir, dass sie ein nomadisches Dasein führten. Sie folgten dabei wahrscheinlich den Pferden, wenn diese von den Sommer- zu den Winterweiden wanderten oder wieder zurückkehrten. Hätten diese im weiteren Sinne mongolischen Nomaden dabei auf den Gedanken gekommen sein können, ein Pferd zu fangen, um es sich gefügig zu machen? Dass man darauf reiten kann, wussten sie anfangs ganz gewiss nicht. Es gab auch keine Vorbilder für das Reiten auf anderen Tieren. Oder hatten sie etwa eine Stute getötet, die ein Fohlen führte, und dieses sodann gezähmt? Solch einfache Erklärungen sind allerdings meistens falsch: Das Fohlen wäre rasch verwildert.

Aber irgendwie muss sie doch zustande gekommen sein, die Domestikation des Wildpferdes. Großartige Geschichten ließen sich dazu ersinnen. Erzählungen nach Art von Karl May und seinem Winnetou. Die aus den Abenteuergeschichten bekannte Methode, das wilde Pferd zu ermüden und sich so gefügig zu machen, ist zumindest vom Grundsatz her gar nicht so fabuliert, wenn man bedenkt, dass jedes Pferd einzuholen ist, wenn man ihm nur lange genug folgt. Der leichte Dauerlauf eignet sich dazu am besten. Das beweisen die menschlichen Leistungen beim Marathon. Kein Pferd kann die 42,195 Kilometer der Marathonstrecke in anhaltendem Lauf durchhalten. Gut trainierte Menschen sind die besseren

Dauerläufer. Das Pferd nimmt hinter uns Platz zwei ein, wenn arktische Hunde außer Konkurrenz bleiben, die in der Kälte tatsächlich ähnlich lang oder länger als Menschen durchhalten. Aber eben nur in der Kälte. Denn auch ihnen fehlt eine Fähigkeit, die den Menschen auszeichnet und ihm das Pferd leistungsmäßig näher rückt, nämlich auf fast der ganzen Körperoberfläche zu schwitzen. Die Unbehaartheit unseres Körpers und die Fülle von Schweißdrüsen ermöglichen diese Spitzenleistung. Das Pferd schwitzt auch großflächig, jedoch bei Weitem nicht so wirkungsvoll, weil sein Körper mit einem ziemlich dichten Fell bedeckt ist. Die Wildpferde brauchten ein solches, da sie bitterkalte Winter im Freien überstehen mussten. Ein scharf gerittenes Pferd ›schäumt‹; es muss langsam abgekühlt werden und sollte nicht zu schnell zu viel trinken, um den Kreislauf nicht zu überlasten. Die Überhitzung ist beim Laufen in aller Regel ein größeres Problem als das Schwinden der Kräfte, wenn die Energievorräte aufgebraucht sind.

Sehen wir uns in diesem Zusammenhang eine weitere Ähnlichkeit zwischen Mensch und Pferd an. Beide verfügen über eine Milz, die besonders als Speicherorgan für Blut wirkt. Bei Rindern dient die Milz mehr der Entgiftung von mit der pflanzlichen Nahrung aufgenommenen unbekömmlichen Stoffen. Und auch, was im tropischen Afrika sehr wichtig ist, der Entsorgung von Giftstoffen, die Blutparasiten hinterlassen haben. Solche entstehen beispielsweise, wenn Tsetsefliegen die sogenannten Trypanosomen übertragen haben. Beim Menschen lösen sie die Schlafkrankheit, beim aus Europa und Asien stammenden Vieh die Naganaseuche aus. Die original-afrikanischen Wildtiere sind immun. Nicht aber die während der Eiszeit aus Asien eingewanderten Pferde, die Zebras. Ihre Streifung schützt vor zu starkem Anflug von Tsetsefliegen und damit vor zu vielen Blutparasiten. Die Milz brauchen sie als Blutspeicher für ihr langes, weites Umherwandern ohne die wiederkäuenden Ruhepausen, wie sie die Büffel, Gnus, Antilopen und Gazellen einlegen. Interessanterweise gibt es südeuropäische und nordafrikanische Zeichnungen aus der Endphase der letzten Eiszeit, die gestreifte Pferde zeigen. Damals war das Verbreitungsgebiet der Zebras und der Tsetses offenbar größer als heutzutage. Die asiatischen Pferde sind jedenfalls nicht gestreift und es gibt auch keine Ansätze zur Entwicklung von Streifenmustern ähnlich denen der Zebras. Das zeigen uns die vielen verwilderten, oft sehr scheckigen Pferde.

Diese Abschweifung ist wichtig, um Hinweise auf die Anfangsphase der Domestikation der Pferde zu bekommen. Denn warum geschah sie nur in der eu-

Provence-Esel
Equus asinus asinus

rasischen Steppe, nicht aber in Afrika, wo fünf verschiedene Arten von Pferden, drei Zebras und zwei Wildesel, vorkommen? Vor fünf- bis siebentausend Jahren herrschten andere klimatische Verhältnisse als gegenwärtig. Wir können nicht einfach vom Hier und Jetzt ausgehen. Wenn die Rückrechnung aus den genetischen Befunden einigermaßen genau ist, fallen die Anfänge der Domestikation in eine Zeit mit einem ziemlich plötzlich eingetretenen äußerst kalten und trockenen Klima, das Europa und den größten Teil Asiens im Griff hatte. Die Pferde brauchen aber Wasser für ihre Verdauung. Diese geschieht anders als bei den Rindern und ihrer großen Verwandtschaft mittels Fermentierung im Enddarm mithilfe von Bakterien. Pferdeäpfel unterscheiden sich daher rein äußerlich sehr stark von Kuhfladen. Die Notwendigkeit, zu trinken, zwingt sie an Wasserstellen, die in trockenen Klimaphasen spärlicher und weniger ergiebig ausfallen. Und sicherlich häufig von Menschengruppen besetzt waren, da auch wir sehr von Wasser abhängig sind. Daher ist es durchaus vorstellbar, dass sich während jener Klimaverschlechterung anders als im wechselfeuchten, tropischen Afrika Pferdegruppen immer wieder den Menschengruppen angenähert hatten. Selbst wenn aus diesen heraus Pferde getötet wurden, half es nichts, die überlebenden Wildpferde mussten ans Wasser zurück. Besonders Fohlen und Jungpferde, die sich mit ihrem Verhalten leichter auf die Menschen einstellen konnten als die erfahrenen Alten. Zudem schützte die Annäherung an die Menschen die Pferde vor ihren bedrohlichsten natürlichen Feinden, den Wölfen. Daher könnte die Initiative von den Pferden selbst ausgegangen und anfänglich gar nicht von den Menschen erzwungen worden sein. Pferde sind neugierig. Sie haben ein Bedürfnis, sich einem anderen Lebewesen anzuschließen, das einigermaßen in ihr Größenschema passt. Bei der Haltung eines Reitpferdes kann das bekanntlich sogar eine Ziege sein. Die Pferde lernen und akzeptieren auch schnell, dass ein Hund sich in ihrer Nähe aufhält oder mitläuft. Die heutigen Pferdeflüsterer nutzen diese Neigung der Pferde geschickt aus. Wenn wir solchen Könnern zusehen, erleben wir gewissermaßen im Schnelldurchlauf, wie das Pferd zum Menschen gekommen sein könnte. Das Einreiten der Pferde, das danach im Lauf von Jahrhunderten in der eurasischen Steppe vollbracht wurde, gehört gewiss zu den Meisterleistungen des Menschen im Umgang mit Tieren. Es kam eine so enge Verbindung zustande, dass sie dem einzigartigen Miteinander zwischen Hund und Mensch zumindest nahekommt. Denn auch die Pferde verstehen die Menschen beeindruckend gut, wenn die Beziehung nicht mit der Peitsche aufgebaut und damit missgestaltet wurde. Seit für die Pferde das derzeitige, überwiegend goldene Zeitalter als geliebtes Reittier angebrochen und die schlimmste Zeit ihrer Massenvernichtung in den Weltkriegen Geschichte ist, wird die Intensität ihrer Beziehung zu den, zu ihren Menschen allmählich erkennbar.

Ein besonders aufsehenerregendes historisches Beispiel für die ›Intelligenz‹ von Pferden und anderen Tieren ist der »kluge Hans«, das rechnende Pferd von Wilhelm von Osten, das in den ersten Jahren des 20. Jahrhunderts viele Menschen begeisterte und die Fachwelt verblüffte. Eine extra zur kritischen Überprüfung zusammengerufene Fachkommission, die den vermuteten Betrug aufdecken sollte, musste ratlos klein beigeben. Herr von Osten war keine Täuschung nachzuweisen. Das Pferd brillierte mit der Lösung von Rechenaufgaben; sogar beim Wurzelziehen. Des Rätsels Lösung war so einfach wie damals undenkbar. Das Pferd hatte subtilste, seinem Besitzer selbst nicht bewusste Andeutungen erkannt und daraus geschlossen, wann es mit dem Hufscharren aufhören sollte, mit dem es das Ergebnis als Zahl signalisierte. Wurden die Aufgaben hinter einer Sichtblende an das Pferd gerichtet, zählte es verwirrt einfach vor sich hin oder tat gar nichts mehr. Es war lediglich ein besonders guter Beobachter. Doch ist damit alles gesagt? Das abqualifizierende ›lediglich‹ drückt in anderer Richtung aus, wie schwer wir uns tun, Tiere in ihrem Sosein zu fassen. Konnten doch all die vielen Menschen, die Vorführungen mit dem »klugen Hans« gesehen hatten, ganz zu schweigen von der hochgelehrten Kommission, gerade nicht erkennen, was das Pferd offenbar mit Leichtigkeit erfasste. Und was auch andere Pferde, wenn nicht die allermeisten, beherrschen: Das Registrieren feinster Andeutungen im nichtsprachlichen Bereich der Kommunikation. Mensch und Pferd stehen einander verwandtschaftlich ziemlich fern; viel ferner als Mensch und Schimpanse. Dennoch verstehen die Pferde in den ungewöhnlichsten Situationen, was in den Menschen vorgeht oder was sie wollen. Ein Beispiel dazu, das sich der streng wissenschaftlich experimentellen Wiederholung entzieht: Als meine Mutter eines Morgens beim Füttern der Pferde durch eine Kreislaufschwäche stürzte und bewusstlos mit dem Gesicht auf dem Boden lag, fasste das Pferd an ihrem Rücken die Kleidung mit den Zähnen und lehnte sie an die Stallwand, sodass sie aufgerichtet saß. Dann blies es ihr ins Gesicht, bis sie wieder zu Bewusstsein kam. Die leichte Hautquetschung und die Abdrücke der Zähne zwischen den Schultern und das Fehlen sonstiger Verletzungen lassen nur diesen Hergang zu. Sie konnte sich dann sogar am Halfter des Pferdes festhalten, um aufzustehen. Das Pferd hatte nie gebissen und war im Verhalten völlig zuverlässig. Dass es den Sturz verursacht haben könnte, lässt sich mit an Sicherheit grenzender Wahrscheinlichkeit ausschließen. Eine Fülle ähnlicher, noch weitaus berührenderer Berichte über die Empathie von Pferden gegenüber Menschen ließe sich nennen; unabhängig davon, ob und wieweit diese ausgeschmückt oder überinterpretiert worden sind, bleibt ihnen die Gemeinsamkeit, dass es sich um ein individuelles, um nicht wiederholbares Verhalten gehandelt hat. Wir müssen akzeptieren, dass das experimentell Nachprüfbare nur einen Teil, möglicherweise einen sehr geringen Anteil, des Verhaltens ausmacht, mit dem Tiere Menschen begegnen. Und dass sich viel davon spontan äußert und nicht bloß eine Reaktion auf Vorgaben seitens des Menschen darstellt.

Die Frage, ob Pferde besonders intelligent sind oder vielleicht sogar durch Züchtung dazu gemacht wurden, drückt daher mehr unsere Eitelkeit aus als ein unvoreingenommenes Bemühen, das Tierverhalten zu deuten. Ein naher Verwandter des Pferdes, der Esel, bietet dazu eine aufschlussreiche Lektion in Menschenkunde. Esel gelten als störrisch, unbelehrbar; kaum etwas erscheint dümmer, als sich schlagen zu lassen, bis die Haut platzt und Knochen brechen, anstatt als Klügerer nachzugeben und die paar Schritte weiterzugehen, wie von ihm verlangt. Esel genannt zu werden, gilt zumindest als milde Form der Beleidigung. Vom Pferd sind die Scheuklappen in die Umgangssprache eingegangen, die diesem das vielleicht irritierende Geschehen an seinen Seiten ausblenden und nur einen schmalen Sichtkorridor zulassen. Mag man sich über die ignoranten Verunglimpfungen als borniert oder dumm erzürnen, viel erheblicher bleibt, dass beide unter den Menschen unsäglich gelitten haben und in weiten Regionen der Welt noch immer leiden, worin sich ausdrückt, wie roh und gefühllos Menschen sein können. In Nordafrika und im Vorderen Orient werden viele von ihnen zu Tode geprügelt, wenn sie zu alt und zu schwach geworden sind, das tägliche Leiden zu ertragen. Wenigen Eseln ist es in Europa vergönnt, Spielgefährten von heranwachsenden Kindern zu sein oder bei Eselliebhabern zu leben. Auf einem Esel zu reiten, erniedrigt den Mann im Vorderen Orient oder in Nordafrika. Das Reiten auf einem Pferd erhöht dort, wie auch bei uns. Krasser könnten die

Unterschiede in der Wertschätzung zwischen so nahe miteinander verwandten Tierarten kaum sein.

Auch wenn in der kulturellen Wertschätzung noch einmal große Unterschiede gemacht werden – oder wer hätte schon einmal von einem ›stolzen‹ oder ›rassigen‹ Esel gehört? –, Esel sind Pferde und mit diesen kreuzbar. Zwar bleiben die Hybriden weitestgehend unfruchtbar, aber das hält die Menschen nicht davon ab, sie millionenfach zu erzeugen. Denn Maultiere, von Hengsten mit Eselstuten gezeugt, und die selteneren Maulesel, deren Väter Eselhengste sind, leisten physisch mehr als ihre Eltern. Maultiere sind zäh, stark, trittsicher im Gebirge und selbstbewusst, wenn es darum geht, das eigene Leben zu verteidigen. Militär und Grenzschutz setzen sie in unwegsamem Gelände ein, in dem Pferde kläglich scheitern würden. Maultiere, so könnte man sarkastisch hinzufügen, haben eben keine Zukunft zu verlieren, da sie unfruchtbar sind. Der stoische Esel hingegen, der im Buschwald am Mittelmeer steht und scheinbar selbstvergessen vor sich hin träumt, könnte sich durchaus Hoffnungen auf künftige Generationen machen. Gleiches gilt auch für die Pferde, was für domestizierte Tiere eher die Ausnahme ist. Die Stuten dürfen rossig werden und sollen, so nicht Schwerwiegendes dagegen spricht, auch Fohlen bekommen. Hengste werden zwar zu Wallachen verschnitten, aber auch dies in viel geringerer Häufigkeit als bei den zu Ochsen umgemodelten Stieren. Bei den Eseln kommt noch hinzu, dass sie immer schon eine überwiegende Zeit ihres Lebens im Freien verbrachten. Sie sind daher weit weniger durch Züchtung verändert worden als das Pferd. Aus Sicht der Menschen am besten geeignet sind Esel in Geländetypen, die für Pferde zu rau, zu heiß und zu trocken sind; sie haben einen geringeren Wasserbedarf als Pferde. Die Heimat ihrer Wildform waren die Halbwüsten Nordafrikas und Vorderasiens. Nähere und etwas ferner stehende Verwandte leben dort in Form der Afrikanischen Wildesel und der zentralasiatischen Halbesel. Sie sind, könnte man stark vereinfacht festhalten, die »Trockenform« des Pferdes. Wer von den harten Lebensbedingungen der Halbwüsten geformt worden ist, führt ein Leben, das unnötig erscheinende Anstrengungen vermeidet. Eselsart war eine Überlebensstrategie. Sie ist noch immer ziemlich erfolgreich. Wer sich entschleunigen möchte, wird nicht mit einem zum Traben und Galoppieren neigenden Pferd übers Land ziehen wollen, sondern sich einen Esel nehmen. Seine Lebensart gibt Zeit für Besinnung und Muße.

Hauskaninchen und Meerschweinchen

Unser Kaninchen war musikalisch. Spielte meine Frau Klavier, legte sich ›Fini‹, so hieß es, zu ihr hin, hob die Ohren etwas an und genoss sichtlich die Musik. Sonst flitzte es in der Wohnung herum, hüpfte auf Stühle oder döste mit auf den Rücken gelegten Ohren auf einem Kissen, in einer Nische, oder wo immer es mochte. Die Köttel setzte es nach Kaninchenart nur an einem Platz auf Zeitungspapier ab. Um die Wertung nicht zu einseitig werden zu lassen, muss ich einräumen, dass es die Tapete in Streifen herunterzog, obwohl wir es immer mit Ästen zum Benagen versorgt hatten. Fini war ein ganz liebes Haustier. Als Zwergkaninchen mochte sie gestreichelt zu werden; wie alle Kaninchen schätzte sie, wenn um sie herum Leben war. Wo wir uns aufhielten, lief sie hin. Zum Schlafen hatte sie einen Käfig, der aber meistens offen blieb. Ein Idealleben für ein Kaninchen? Leider nicht. So nett das Zusammenleben mit Fini war, so boten wir doch wohl nur einen schwachen Ersatz für einen oder mehrere Artgenossen. Kaninchen leben von Natur aus in Großfamilien. Sie wachsen mit Geschwistern auf, balgen sich mit diesen herum, dass mitunter die Fellflöckchen fliegen, lernen die Nachbarn kennen und fügen sich in Rangordnungen, an deren Spitze innerfamiliär die alte Häsin, außen aber, mehrere Häsinnen einschließend, ein kräftiges Männchen steht, den Züchter seltsamerweise Bock nennen. Doch wer kann schon, um Kaninchen artgerecht zu halten, einer solchen Kolonie das Wohnzimmer zur Verfügung stellen? Der Kontakt eines Kaninchens zu den Menschen ist ein dürftiger Ersatz. Daran gibt es nichts zu deuteln. Mehrere Kaninchen in einem geräumigen Käfig oder wenigstens zeitweise mit Auslauf ins Zimmer, besser noch in den Garten, das wäre eine eher artgerechte Haltung. Eingesperrt in enge Ställe wirkt es für sie wie Einzelhaft. So aber müssen viele, wenn nicht die meisten Kaninchen leben; auch solche, die als Streicheltier für Kinder angeschafft werden. Für kurze Zeit meistens nur, dann ist man ihrer überdrüssig. Oder sie haben angefangen zu beißen, weil sie zu oft zu unpassender Zeit herumgeschleppt wurden. Allzu viel Streicheln kann das Gegenteil bewirken. Und auf den Arm nehmen lassen sich Kaninchen auch nicht so gern. Sie sind Bodentiere, keine Kletterer wie Katzen, die sich wirklich gern tragen und in für sie angenehmer Position auf dem Arm oder dem Schoß streicheln lassen. Sie kommen von selbst dorthin. Kaum einmal aber wird einem ein Kaninchen auf den Arm hüpfen, um sich Streicheleinheiten abzuholen.

Viel lieber graben Kaninchen. Haben sie dazu keine Möglichkeit, drohen ihre Krallen an den Pfoten zu lang zu werden. Sie können auch nicht so leicht alleingelassen werden wie Katzen. Waren wir nur eine Nacht weg, verstreute Fini ihre Köttel in der Wohnung und hüpfte bei der Rückkehr wie närrisch um uns herum. Sogleich normalisierte sich ihr Verhalten auch wieder.

Leichter zu halten sind Meerschweinchen. Sie brauchen nicht so viel Platz zum Herumlaufen und -springen wie die Kaninchen. Das meint man zumindest. Und sperrt sie in einen Käfig mit Stroh, das sie nach Belieben umschichten, und einem Häuschen, in das sie sich zurückziehen können. Wieweit das ihrer natürlichen Lebensweise entspricht, entzieht sich zumeist der direkten Erfahrung. Denn anders als die Kaninchen, die vielerorts und auch in Großstädten im Freien vorkommen, könnten wir Wildmeerschweinchen nur in ziemlich unwegsamen Regionen Südamerikas beobachten. Doch auch das nur in kurzen Augenblicken, denn sie sind scheu und ziehen es vor, ungesehen in Gestrüpp oder Felsspalten zu bleiben; wie ein Keil zwängen sie sich hinein. Das in Normalhaltung dicke Körperende, dem ein Schwanz fehlt, wird dabei erstaunlich dünn, sodass es dort hinein- oder durchkommt, wohin es der Kopf auch schon geschafft hat. Kaninchen graben sich ihre Erdbaue selbst. Die Röhren, die in die unterirdischen, durchaus geräumigen Kessel führen, sind weit und verzweigt genug, dass sie hineinflitzen und darin unterschiedlichste Alternativen nehmen können, sollte ein Iltis oder ein Hermelin ihnen folgen. Für den Fuchs ist die Kaninchenröhre zu eng. Bis er sie auf seine Kragenweite aufgegraben hat, sind die Hausherren längst in Sicherheit. Allenfalls auf kleine Junge im Nest kann er sich Hoffnung machen. Meerschweinchen bringen sehr große Junge zur Welt. Es kann vorkommen, dass man wenige Tage nach dem Kauf eines sehr gesund aussehenden Weibchens plötzlich feststellt, dass es sich im Käfig verdoppelt hat. Zwar ist das neugeborene Junge erheblich kleiner als die Mutter, aber dennoch voll entwickelt und alles andere als winzig und hilflos wie die Kaninchenkinder.

Die sprichwörtliche Vermehrung ›wie die Karnickel‹ (die genauso auf die Meerschweinchen zutrifft) hat sie dazu prädestiniert, von den Menschen für die Fleischproduktion ausgenutzt zu werden. Von Anfang an war das der Hauptzweck der Kaninchenhaltung. Deshalb brachten sie die Römer vor zweitausend Jahren in ihre Provinzen mit, zumal auch in jene nördlich der Alpen, um sich dort zusammen mit dem ebenfalls eingeführten und gepflanzten Wein ein römer-, sprich menschenwürdiges Leben bei den Barbaren zu ermöglichen. Leporarien, Hasengehege, nannten sie die umzäunten und tief genug in den Boden eingesenkten Anlagen, in denen sie die Kaninchen hielten. Artgerecht, das muss man betonen. Denn in diesen Leporarien konnten sie nach Kaninchenart in Großfamilien leben und sich auf Kaninchenweise vermehren, wie die Karnickel eben.

In Rom und seiner Umgebung hatte es zu Beginn der Römerzeit gar keine Kaninchen gegeben. Es wird angenommen, dass sie aus Iberien stammen, was ein seltsam isolierter Ort für ein Vorkommen eines Hasentieres ist. Denn die echten Hasen, die in Europa als Feld- und Schneehasen existieren, sind praktisch über den ganzen Kontinent und große Teile Asiens verbreitet. Vom Feldhasen gibt es zudem ein großes, genetisch nicht allzu unterschiedliches Vorkommen in Afrika. Dort ist es nicht ungewöhnlich, in der Nähe eines Löwen einen Hasen zu erblicken. Vor fünfzehntausend Jahren war das bei uns in Mitteleuropa auch kein seltener Anblick; die jetzt auf die Hochlagen der Alpen und den hohen Norden beschränkten Schneehasen hoppelten damals den weiland noch existierenden Eiszeitlöwen vor den Nasen herum. Von den Riesenraubtieren hatten sie nichts zu befürchten. Ihre ärgsten Feinde schossen aus der Luft herab oder lauerten ihnen hinter einer Schneewehe auf. Adler, Falken, Habichte und Füchse, Marder, Wiesel und was sonst noch einen kräftigen Schnabel, starke Krallen und gute Zähne hat, ist hinter Hasen her. Auch hinter Kaninchen. Ihre Funktion in der Natur als Versorger von Raubtieren mittlerer und kleinerer Größe sowie von Greifvögeln gleichen sie mit viel Nachwuchs aus. Fressen und Vermehrung bestimmen ihr Leben. Zu anderem bleibt kaum Zeit, etwa in der Sonne zu liegen – oder Musik zu hören (siehe oben). Dies erwies sich als höchst erfolgreiche Lebensstrategie. Das beweisen das riesige Vorkommensgebiet beider Hasenarten und der Erfolg der Kaninchen bei der Eroberung neuer Welten. Zum Beispiel Australiens. Dort wurden sie, aus Nostalgie und Jagdleidenschaft, Ende des 19. Jahrhunderts eingeführt und bald zu einer solchen Plage, dass ein Zaun quer durch den Kontinent

Kastanienbrauner Lothringer
Oryctolagus cuniculus f. domestica

gezogen wurde, um die weitere Ausbreitung zu unterbinden. Sie untergruben ihn. Mangels Fuchs und Marder und mit den idealen Lebensbedingungen, die der, von der absolut kaninchenuntauglichen Antarktis abgesehen, trockenste aller Kontinente bietet, vermehrten sie sich so stark, dass ihnen nur noch mit der gemeinsten aller Bekämpfungsmethoden beizukommen war, der Infektion mit einer tödlichen Seuche. Die Myxomatose, hervorgerufen von einem Virus, der in amerikanischen Kaninchenarten vorkommt, ohne diese sonderlich zu schädigen, war die vermeintliche Wunderwaffe. Sie wurde auch in England und in Kontinentaleuropa zur Bekämpfung der Kaninchen eingesetzt – und eine große Gefahr für die Millionen in Ställen gehaltenen, domestizierten Kaninchen. Die Geister, die man rief, ließen sich nicht beherrschen. Irgendwann werden die Kaninchen in Europa gegen das Virus resistent genug geworden sein, sodass nur noch die hoch- und ›rein‹-gezüchteten Stallkaninchen und die als Schmusetiere zu Kindern ins Haus gebrachten Exemplare betroffen sein werden. Denn die Baumwollschwanzkaninchen, von denen das Virus stammt, stehen den iberisch-europäischen Wildkaninchen verwandtschaftlich viel näher als die echten Hasen.

Doch warum können sich Hasen und Kaninchen eigentlich so karnickelhaft vermehren und warum halten sie den von Natur aus enormen und vom Menschen noch weiter vergrößerten Feinddruck aus? Es ist ja erst ihre Produktivität an Nachwuchs, die Kaninchen so attraktiv als Nutz- und Heimtiere gemacht hat. Die Großkaninchen züchtete man wegen ihres Fleisches und auch wegen der Felle, die zu Pelzmänteln verarbeitet werden und besser wärmen würden, trüge Frau sie mit der Pelzseite nach innen. Die Kleinen dienen mehr der medizinisch-pharmazeutischen Forschung als Versuchskaninchen. Ähnlich wie bei der Kuh versteckt sich ein hochinteressanter Aspekt ihrer Lebensweise in ihrem Bauch, im Verdauungstrakt. Kaninchen und Hasen verdauen anders als Ratten und Mäuse, und sie sind auch keine Nagetiere wie diese. Ihre Besonderheit sind sehr lange Blinddärme. Darin leben besondere Bakterien, die in der Lage sind, die ansonsten eigentlich unverdauliche Zellulose chemisch aufzuschließen und für den Stoffwechsel verwertbar zu machen. Das dabei in Massen entstehende Bakterieneiweiß ist es, das die Proteine bereitstellt, die für die Bildung und Entwicklung von Embryonen im Körper der Häsin benötigt werden. Zudem entstehen Fettsäuren, die viel Energie enthalten. Kaninchen und Hasen sind damit sowohl produktiv an Nachwuchs als auch leistungsfähig beim Graben und Herumrennen. In der

Kaninchenhaltung wird dabei vor allem die besondere Verdauung ausgenutzt. Aus Futter, das für anderweitige Verwertung keinen Nutzen bringen würde, entstehen Fleisch und Pelz. Biotechnologie vom Feinsten und von der Evolution seit Jahrmillionen erprobt. Zugleich aber auch mit dem unmissverständlichen Hinweis versehen, dass so ein System – wie schon beschrieben – höchst anfällig ist für Krankheiten. Den Grund können wir sogar direkt beobachten: Kaninchen und Hasen müssen immer wieder einmal vom eigenen Blinddarmkot fressen, um die Verdauung funktionstüchtig zu halten. Die Jungen würden nach der Entwöhnung von der Muttermilch sogar verhungern, besorgten sie sich nicht die benötigten Bakterien über das Fressen von Blinddarmkot der Mutter. Dieser ist breiig schwärzlich und nicht zu verwechseln mit den typischen Kügelchen der Hasenköttel. Kaninchen sind sozial. Ihre Haltung fällt daher leicht. Hasen hingegen lassen sich nicht in Massen halten. Das stresste sie zu sehr, auch wenn es gelänge, alle Infektionskrankheiten, die sie bedrohen, fernzuhalten. Die Evolution der Feldhasen, die sie zu Steppen- und Savannentieren hatte werden lassen, schreibt ihnen vor, Abstand zu halten. Bei Hasen, die zu eng beisammen leben müssen, schwellen die Nebennierenrinden an, ein sicheres Zeichen für zu großen Stress. Die Kaninchen entwickelten sich ursprünglich unter anderen Verhältnissen. Ihr Leben spielt sich in lockeren Kolonien und teilweise unterirdisch ab. Die Jungen sind Lagerjunge (›Nesthocker‹). Sie werden blind und nackt geboren und intensiv von der Mutter gepflegt. Die der Feldhasen hingegen kommen als Laufjunge (›Nestflüchter‹) mit offenen Augen und voll entwickeltem Fell zur Welt. Ein Großteil ihres Lebens besteht aus Flucht. Das (europäische) Kaninchen stellte mit dem ursprünglichen Vorkommen auf der Iberischen Halbinsel ein Überbleibsel aus den Zeiten vor der Eiszeit dar. Die nähere Verwandtschaft lebt in Amerika und Ostasien.

In der Lebensweise dieser und aller Haustiere steckt sehr viel Vergangenheit. Nicht jede Art lässt sich einfach »züchten« und domestizieren, so reizvoll dies auch sein könnte. Nur wenige Tierformen eigneten sich dafür. Bei den äußerlich einander so ähnlichen Hasen und Kaninchen zeigt sich dieses Kernprinzip der Domestikation besonders klar. Der einzelgängerische Hase eignete sich nicht, das soziale Kaninchen hingegen bestens. Dabei leben sie beide von sehr ähnlicher bis weitgehend gleicher Nahrung. Stallhasen sind keine (echten) Hasen, sondern stets Kaninchen. Nur meist auf groß gezüchtete Rassen.

Hausmeerschweinchen
Cavia porcellus

Manche können – verglichen mit dem normalen Kaninchenniveau – wahre Riesen sein. Sie werden auch so genannt. Anderen, wie den Zwergkaninchen, kommt ihre Kleinwüchsigkeit zugute. Kaum jemals werden sie gezüchtet, um irgendwann als Braten oder Ragout aufgetischt zu werden. Obwohl ein putziges Äußeres keineswegs immer vor einem Platz auf der menschlichen Speisekarte schützt. Dies sieht man an den Wild- wie Hausmeerschweinchen in ihrer Heimat Südamerika, insbesondere in der Großregion der Anden. Sie gehören dort zu den wenigen Haustieren, die ursprünglich von den Indios eigenständig gezüchtet wurden. Die kargen Hochflächen der Anden ernähren zwar Spezialisten, wie die beiden Arten der Kleinkamele, Vikunja und Guanako. Aber die Zuchtformen, der Wolllieferant Alpaka und das Lasttier Lama, waren zu wichtig, um sie einfach zu schlachten und aufzuessen, wenn Fleischbedarf bestand. Diesen hatte sozusagen die Kleinstausgabe des Schweins, das Meerschweinchen, zu decken. Mit den Schweinen hat es allerdings biologisch gar nichts zu tun und mit dem Meer nur soviel, dass es übers Meer nach Europa gebracht worden war. Verwandtschaftlich repräsentiert es eine eigenständige, arten- und formenreiche Untergruppe der Nagetiere, die Meerschweinchenartigen.

Die gegenseitige Toleranz und das Bedürfnis ihrer Körper nach Kontakt prädestinierten in Südamerika die Meerschweinchen für Haltung und Zucht. Als Futterverwerter sind sie aber bei Weitem nicht so gut wie die Kaninchen. Europäische Hasen, ausgesetzt in der Pampa Patagoniens, gediehen prächtig. Die Kaninchen eroberten sich eine große neue Welt in Australien. Dass irgendwann Meerschweinchen wild bei uns leben, dürfte hingegen ziemlich unwahrscheinlich sein.

Haushuhn und Truthuhn

Auf dem Dorf wuchs man früher mit Hühnern auf. Ich mochte sie nicht. Denn überall im Garten lag Hühnerdreck. Außerdem trachteten sie danach, auf die nachbarschaftliche Seite des Gartenzauns zu kommen, wo ein Hahn, obwohl er selbst ein Hühnervolk zu betreuen hatte, hör- und sichtbar um sie warb. Dann musste ich sie zurücktreiben. Einem Hahn war es wohl auch zuzuschreiben, dass meine Krähe, die bei einem Sturm aus dem Nest gefallen war und dann von mir von klein auf großzogen worden war, wie ein Hahn zu krähen versuchte, wenn sie mich begrüßte. Da gab es die eigenen Hühner schon längere Zeit nicht mehr, da sie die erhoffte Lieferung von echten Bioeiern eingestellt hatten. Sie fehlten mir nicht; auch nicht, als ich mich etwas mit ihren Verhaltensweisen beschäftigt hatte und lernte, dass Hühner einander genau kennen und eine Hackordnung entwickeln, die jedem Einzelnen einen festen Platz zuteilt. Das hielt ich für keine großartige Erkenntnis zur Intelligenz der Vögel, zumal ich an die erstaunlichen Schlauheiten meiner Krähe gewöhnt war. Abgesehen von der recht unvollständigen Nachahmung des Krähens hatte sie mit dem Hahn und seinen Hühnern nichts vor, auch wenn sie sonst alle möglichen Tiere zu ärgern versuchte. Das war gut so, auch im Sinne des gut nachbarschaftlichen Verhältnisses. Hühner hielt fast jede Familie im Dorf. Sie gehörten zu den Bauernhöfen wie der leider meistens an der Kette liegende Hofhund. Hühnerdreck an den Schuhen zu haben, war Alltag.

Vergangene Zeiten. Inzwischen müsste ich angestrengt überlegen, wo es noch in jener damals üblichen Form freilaufende Hühner gibt, hätte nicht ein Freund solche in seinem Garten. Verschiedene Rassen sogar, darunter Araukaner, die Eier legen, die aussehen, als wären sie wie für Ostereier vorgefärbt worden. Schaue ich dem Treiben dieser Hühner eine Weile zu, beschleicht mich ein nostalgisches Gefühl. Das Gewöhnliche der Kindheit ist nicht mehr selbstverständlich, sondern zur Rarität geworden. Stattdessen folgt ein Skandal in der Massengeflügelhaltung auf den nächsten und wird in den Medien angeprangert, ohne dass sich etwas ändert. Die Vogelgrippe kommt und geht. Zigtausende Hühner, Puten und Enten werden gekeult, zu irgendwas verarbeitet und gleich wieder nachgezogen, damit die Eier-, Hühner- und Putenfleischproduktion auf dem erreichten Extremniveau bleibt. Im Sommer 2017 war das Milbengift Fipronil, das in Millionen Eiern steckt, die in Milliardenmengen aus Holland kommen, der Aufreger. Wo es in Nudeln, Kuchen oder in welchem Eiprodukt auch immer hingelangte, kann man allenfalls raten. Nachweisen lässt es sich nur in geringem Umfang, weil wahrscheinlich die meisten belasteten Eier längst gegessen und die verschlungenen Pfade ihrer Verteilung nicht nachvollziehbar sind. Außerdem weiß man gar nicht, wie gefährlich dieses Gift für Menschen ist, zumal in der Langzeitwirkung.

Dabei haben wir gerade das stille Verschwinden der Vogelgrippe alias Geflügelpest hinter uns, die im Winter 2016/17 wieder einmal Politiker und Behörden aufschreckte und zu Aktionen veranlasste, die ausgerechnet jene traf, die am wenigsten als Verursacher und Verbreiter des Geflügelpestvirus infrage kamen, nämlich die noch existierenden kleinen Geflügelhalter mit freilaufenden Hühnern. Diese sollten wohl, so könnte man argwöhnen, am besten vollständig verschwinden, weil sie die einträgliche Massenproduktion von Eiern in Legebatterien und von Geflügelfleisch unter Zwangsmastbedingungen mit der Stichelei ihrer bloßen Existenz nur stören. Ihre Hühner scharren, picken und führen sogar piepsende, goldgelbe Küken. Und sie laufen zum Menschen. Aber nicht nur, weil er vielleicht Futter bringt, sondern aus Kontaktbedürfnis und, nennen wir es doch so, aus Interesse. Was wäre da los auf dieser Welt, könnten all die geschätzt fünfzehn Milliarden Hühner, die derzeit gehalten werden, den gut sieben Milliarden Menschen zulaufen. Jedes Exemplar von *Homo sapiens* hätte dann zwei Hühner um sich herum. Und würde eine ganze Menge lernen. Nämlich dass Hühner keine Eierleg- oder Fleischproduziermaschinen sind, sondern richtige Tiere, in denen viel Leben steckt. Das scheint heute wie eine völlig absurde Vorstellung, denn wen interessiert es schon, woher Ei oder Brathähnchen kommen. Eigentlich fast schon aus der Steckdose, wie der geheimnisvolle Strom, dessen Herkunft außer der zahlenmäßig so geringen Gruppe der Physiker die Menschheit auch nicht kennt, ihn aber dennoch als Selbstverständlichkeit nutzt. Dass man für seine Übertragung Leitungen braucht, erregt Widerstand und schafft Bürgerinitiativen. Gegen Brathendl und Frühstücksei formieren sich keine Widerstände.

New Hampshire Red
Gallus gallus domesticus

Truthahn

Meleagris gallopavo

Sollten diese nicht in gewohnter Weise für quasi umsonst verfügbar sein, formiert sich eher Druck auf die Politiker, die das möglicherweise zu verantworten haben. Dass es sich da ausgekräht hat für den Hahn auf dem Hühnerhof und das Misthaufenhuhn verdächtiger wird als die ferngesteuerte Eiproduktion, versteht sich von selbst. Immerhin sind den Hühnern in den Legebatterien kürzlich ein paar Kubikzentimeter mehr Käfigraum zugesprochen worden. Was das Hühnerleben gewiss nicht lustiger macht. Und ihre Anfälligkeit für Krankheiten auch nicht mindert. Sie hätten viel zu beklagen, die Hühner, deren Schicksal es war, aus einem Hühnerei geschlüpft und von niemandem erblickt oder wahrgenommen worden zu sein. Als Ersatz für die goldigen Küken werden sie aus Zucker oder Marzipan nachgegossen und in allen Größen, mit oder ohne Schokoladenuntersatz, zu Ostern angeboten. Alles Leben stammt aus dem Ei: Dieses Dogma der Biologie musste jeder kennen und verstehen, der sich mit dem Leben befasste. Seit alles Leben den Informationsträgern zugeschrieben wird, die auf der DNA die Blaupause für die Entwicklungsabläufe steuern, spielt das Ei kaum noch eine Rolle. Es lässt sich mit einem fremden Zellkern bestücken, künstlich befruchten, tiefgefrieren und aufbewahren, bis der Kopf meint, es wäre an der Zeit ... Das Hühnerei, eines der bemerkenswertesten Eier, die es im Reich des Lebendigen gibt, weil es Eizelle und Entwicklungsraum zugleich ist, wird als Massenprodukt behandelt wie eine bereits geglückte Proteinherstellung ohne Tier, ohne Leben, das lebt.

Wenigstens, so ließe sich seufzend hinzufügen, wenigstens bleibt den viel größeren Truthühnern erspart, als Legemaschinen vegetieren zu müssen. Doch dafür haben sie Fleisch, *weißes* Fleisch anzusetzen, das makellos und fettarm ist und als Putensteak reißenden Absatz findet. In den USA werden die Puter noch traditionell als Familienessen am Thanksgiving Day gebraten. Um zu überleben, müssen sie diesen vierten Donnerstag im November überstehen. Das klingt nach einer reellen Chance zumindest für die Wildputer. Hierzulande haben die mehr als zehn Millionen Puten keine Möglichkeit, länger als die für sie vorgesehenen 15 bis 17 Wochen (Henne) oder 19 bis 22 Wochen (Hähne) zu leben. In diesem festgelegten Rhythmus wechselt ihr Leben vom Ei in den Tod. Vor der Schlachtung dürfen sie 45 (Hennen) bis 50 Kilogramm (Hähne) Lebendgewicht pro Quadratmeter erreichen, der ihnen zur Verfügung steht. Der Schwerpunkt der Putenhaltung liegt im Nordwesten Deutschlands mit knapp 2,6 Millionen allein im Landkreis

Cloppenburg im Jahre 2010. Da kann auch der Truthahn den Koller kriegen. Doch klagen hilft nichts, wir alle wollen es letztlich so. Die Massentierhaltung wird von den Billigfleischkäufern finanziert. Und dazu gehören wir alle immer wieder, wenn wir vor den Regalreihen der Supermärkte stehen.

Freilaufende Hühner wären die bessere, gleichwohl deutlich teuere Alternative. Einen Stall brauchen sie trotzdem. In einen solchen gehen sie auch zur rechten Abendstunde zum Nächtigen. Eigentlich seltsam für einen Vogel. Hat man sie mit der Stallhaltung einfach auf so ein unnatürliches Verhalten dressiert? Nur begrenzt, denn die Küken suchen die Nacht über oder bei kaltem Wetter Wärme und Schutz im Gefieder der Henne. Sich ins schützende Dunkel zurückzuziehen, gehört daher zum natürlichen Lebensablauf, bis sie ins Gezweig von Bäumen hinauf fliegen können, um dort unter dichtem Blattwerk zu nächtigen. Die Umstellung auf den Stall stellt daher gar keine so große Veränderung dar. Die Hühner schätzen es aber, diesen über eine Leiter aufzusuchen und darin auf einer Stange sitzen zu können. Die Hühnerleiter führt in die Höhe; die Stange entspricht den Ästen. Hinzu kommt, dass sie ziemlich wärmebedürftig sind. Denn die Vorfahren des Haushuhns stammen aus dem tropisch-subtropischen Südasien, wo die Wildform immer noch als ›Dschungelhuhn‹ lebt; zusammen mit Pfauen und in großen Regionen auch mit Fasanen. Die Pracht des wild gefärbten Haushahns weist auf seine exotische Herkunft. Deshalb ist es auch verständlich, weshalb die Hühner bei uns, trotz jahrhundertelanger Haltung im Freilauf, bei dem sie in Hof und Garten herumspazieren konnten, wie sie wollten, nicht verwilderten. Sie brauchen die Menschen, die ihnen Futter und Unterschlupf mit ausreichender Wärme im Winter bieten. In kälteren Regionen war der Hühnerstall deswegen meistens über oder an den Kuh- oder Schweinestall gebaut. Die von dort kommende Wärme bewahrte die Hühner vor dem Erfrieren. Der Tropenherkunft ist es auch zuzuschreiben, dass Haushühner eine viel längere Legeperiode aufrechterhalten als vergleichbare Wildvögel bei uns, etwa die Rebhühner. Denn der tropische Jahresrhythmus ist weit weniger markant ausgeprägt als die hiesigen saisonalen Zyklen mit Winterkälte und kurzen, finsteren Tagen. Vielleicht ist dies auch der tiefere Grund dafür, weshalb sich das aus den außertropischen Breiten Amerikas stammende Truthuhn nicht als Eierlieferant geeignet hat, obwohl die Eier dieses Hühnervogels viel größer wären. Warum das Haushuhn sich so gut für die Haltung in Scharen eignet, ist eben noch längst nicht erschöpfend erforscht.

Ein Kontrastbeispiel zum Haushuhn bietet eine zweite Hühnervogelart gleicher Größe, das afrikanische Perlhuhn. Es lebt auch in Familien und größeren Gruppen, ist sehr laut und selbständig, spielte aber trotz langer Haltung in afrikanischen Dörfern in einem Zustand, der als beginnende Domestikation zu bezeichnen wäre, keine wirklich bedeutende Rolle als Fleisch- und Eierlieferant. Die Perlhuhnhaltung ist hierzulande etwas für Liebhaber, die sich einer toleranten Nachbarschaft erfreuen oder abgelegen genug einen Hühnerhof betreiben können. Verglichen mit dem Lärm, den diese Hühner zu machen pflegen, ist das Krähen der Hähne frühmorgens hinnehmbare akustische Bauernhofatmosphäre.

Schließlich gewann die Faszination für Hühner bei mir doch noch die Oberhand über die aus der Kindheit überkommene Abneigung. Dazu trugen auch Erkenntnisse aus der Wissenschaft bei: Hühner sind keineswegs so einfältig, wie es ihnen die Beleidigung ›dummes Huhn‹ unterstellt. Im Kopfrechnen, zumindest im blitzschnellen Erfassen der Zahl der Körner, die vor ihnen liegen, sind sie besser als manche Schulkinder. Menschen, die gut zu ihnen sind, nehmen sie sehr schnell wahr und lernen sie von anderen zu unterscheiden. Und überhaupt: Ist es nicht wunderbar, wenn ein ganz gewöhnlich aussehendes Huhn auf einen bestimmten Menschen zuläuft, sich auf den Arm nehmen und im Brust- und Halsgefieder kraulen lässt? Und dabei sichtlich genussvoll die Nickhaut übers Auge zieht!

Gänse und Enten

Das Gänsekind Martina und Bilder, die zeigten, wie er mit seinen Gösseln zur Au und ins Altwasser der Donau schwimmen geht, machten ihn weltberühmt. Das Max-Planck-Institut verschaffte ihm mit dem Institut ›Seewiesen‹ am Eßsee südlich von München die Möglichkeit, seine Gänsestudien weiter voranzutreiben. Diese hatten dazu beigetragen, dass Konrad Lorenz zusammen mit seinem niederländischen Kollegen Niko Tinbergen und dem Bienenforscher Karl von Frisch den Nobelpreis erhielt.

Viel ergreifender als der große Preis ist jedoch die kleine Geschichte, die hinter diesem steht: Das Gänsekind Martina, wie er es nannte, war gerade aus dem Ei geschlüpft, hatte die Augen geöffnet und einen ersten Blick auf die Welt geworfen, die sie umgab. Und nach Gänsekinderart zart »wi, wi, wi, wi ...« gepiepst. Normalerweise hätte die Gänsemutter daraufhin mit leisem »Ganggangang« geantwortet, aber sie war nicht da. Sondern der Jungforscher, der Ähnliches mit hellem wienerischem »a« von sich gab. Da warf das Gänslein einen tiefen Blick auf Konrad, und es war um die beiden geschehen. Es hatte ein Ereignis stattgefunden, das man später Prägung nannte. Für das frisch geschlüpfte Gössel war der Mensch, das erste Lebewesen, das es zu sehen bekam, Mutter, Artgenosse und überhaupt alles im kleinen Gänseleben. Konrad Lorenz musste die Mutterrolle übernehmen. Das Gössel vermittelte daraufhin bislang nicht gekannte, weil nicht wahrgenommene Einblicke ins eigene Leben und in die weitere Entwicklung beim Heranwachsen. Es ist müßig, darüber zu spekulieren, ob die kleine Gans Lorenz und damit alle Menschen als Gänse oder sich selbst als Mensch betrachtete. Entscheidend ist die Beziehung, die durch diese Prägung zustande kam. Wahrscheinlich war das längst bekannt, aber niemand hatte es beschrieben oder versucht, darüber nachzudenken, was es eigentlich bedeutet, wenn frisch geschlüpfte Vogeljunge oder kleine Junge von Säugetieren eine so seltsame Bindung an Menschen entwickeln und diesen nachlaufen. Dass Konrad Lorenz die

Bedeutung der Prägung erkannte und zu einem Schwerpunkt seiner Forschungen machte, zeichnete ihn aus. Denn auch beim Menschen können Prägungen eine bedeutende Rolle spielen.

Die Prägung ist ein eminent wichtiger Vorgang. Sie stellt sicher, dass die aus dem Ei geschlüpften Vogeljungen der Mutter folgen und sich nicht von irgendwelchen anderen Bewegungen oder Objekten ablenken lassen. Bei den Nestflüchtern, also Vögeln, deren Junge sehr weit entwickelt und ziemlich selbständig aus dem Ei schlüpfen, muss die Bindung an die Mutter entsprechend schnell, fast blitzartig, zustande kommen. Nesthocker, die länger von den Eltern gefüttert werden, bis sie ausfliegen können, haben mehr Zeit. Entsprechend verhält es sich bei den Säugetieren. Werden Laufjunge geboren, die wenige Stunden nach der Geburt auf eigenen Beinen stehen und der Mutter folgen können müssen, muss sich die Mutter-Kind-Bindung sehr schnell festigen. Lagerjunge, die in sehr ›unfertigem‹ Zustand zur Welt kommen, bauen die Bindung langsam auf und können leichter in eine Gruppe sozialisiert werden. Gänse und Enten gehören zur Gruppe ausgeprägter Nestflüchter. Kaum dass ihr Flaumgefieder trocken ist, sind sie in der Lage zu laufen, können schwimmen und sogar tauchen. Sie suchen selbständig nach Nahrung, auch wenn sie die Mutter dabei führt. Die Prägung erfolgt bei den Hühnern so schnell und so sicher, dass zwei Hennen ihre kleinen Küken durchaus zusammen führen können. Rufen sie diese, flitzen die Kleinen zielgerichtet zu ihrer Mutter. Bei den Gänsen sind die Verhältnisse ein wenig anders, weil sich da nicht allein die Mutter um die Gössel kümmert, sondern auch der Vater, der Ganter, mit dabei ist. Und wenn irgend möglich drohende oder vermeintliche Feinde abwehrt. Gänse bilden eine Familie, Enten und Hühner führen ihre Jungen meistens oder stets allein. Daher werden von Hand aufgezogene Küken spontan völlig zahm, auch wenn sie sich später als Erwachsene ganz normal verhalten, wie es sich für Hühner gehört. Bei den Gänschen hingegen ersetzt der Mensch, der sie gleich nach dem Schlupf aus den Eiern übernimmt und auf sich prägt, Mutter und Vater. Damit kommt nicht nur eine Nachfolgeprägung und Bindung an die Mutter zustande, sondern auch eine ziemlich starke sexuelle Prägung. Setzt die Reife ein, richten sich die Annäherungen an Menschen. Das kann bei manch anderen, insbesondere bei kräftigen Vogelarten durchaus problematisch werden, wenn sie ihren Partner, einen Menschen, gegen andere Menschen verteidigen und von diesen fernzuhalten versuchen. Säugetiere sind flexibler, aber auch bei ihnen kann eine starke sexuelle Prägung zustande kommen, die Gefahren birgt.

Für den Prozess der Haustierwerdung der Gänse und Enten sowie des Haushuhns ergibt sich daraus, dass die Tiere sich vergleichsweise leicht an den von Beginn an präsenten Menschen gewöhnen konnten. Und da sie zumindest saisonal oder aber ganzjährig in Gruppen zusammenleben, ließen sich auf Menschen geprägte Gänse, Enten und Hühner auch nahezu problemlos in Umfriedungen halten und an Ställe gewöhnen, in denen sie vor den Gefahren der Nacht geschützt sind. Hinzu kommt, dass diese Vögel hinsichtlich ihrer Ernährung deswegen leicht gehalten werden können, weil sie sich eigentlich selbst versorgen. Wenn die Zahl der Hühner auf dem Bauernhof der natürlichen Verfügbarkeit von Futter entspricht, brauchen sie lediglich im Winter Zufütterung. Vom Frühjahr bis in den Spätherbst suchen sie sich selbst, was sie benötigen. Ganz ähnlich die Gänse. Sie ernähren sich nahezu ausschließlich pflanzlich. Dafür gehen sie auf die Weide, so diese erreichbar ist, und vermeiden es zu fliegen, weil der Flug Kraft kostet. Gänse sind besonders ausgeprägte Fußgänger unter den Entenvögeln und in dieser Hinsicht den Hühnern ähnlicher als den ihnen viel näher verwandten Enten. Die Schwimmhäute zwischen den Zehen erschweren allerdings das Gehen, sodass sie zu stark bewachsenes Gelände meiden. Sie bevorzugen Wiesen mit kurzen Gräsern, weil sie dort gezielt junge Triebe mit ihrem Schnabel abpflücken können. In den Trieben steckt mehr und leichter verdauliches Pflanzenprotein. Es ist das Vieh, welches auf den Weiden dafür sorgt, dass das Grün schön kurz bleibt, daher neigen die Gänse dazu, mit den Rindern eine lockere Weidegemeinschaft zu bilden. Das so entstandene, inzwischen aber weitgehend in Vergessenheit geratene System der Beweidung mit Vieh und Hausgänsen wird zumindest von den Wildgänsen in der Norddeutschen Tiefebene weiterhin und sogar eher zunehmend praktiziert.

Die besondere Eigenschaft der Hausgänse, der domestizierten Graugans *Anser anser*, um genau zu sein, ist ihre Bereitschaft, Störenfriede und Feinde mit lautem Geschrei anzugreifen. Schnattern ist ein lautmalerisch zu schwacher Ausdruck dafür, was für ein Gekreisch insbesondere der Ganter von sich gibt, wenn er mit vorgestrecktem Hals angreift. Tun das gleich mehrere Gänsepaare, ziehen sich Fuchs und Hund mit eingezogenem Schwanz zurück. Eine Gans zu ›stehlen‹, gelingt dem Fuchs nur in Ausnahmefällen einzelner oder noch zu junger Gänse,

Stockente

Anas platyrhynchos

Hausente
Anas platyrhynchos f. domestica

wenn sich die Gänseschar auf dem Hof frei bewegen kann. Wenn eine solche zum Gehöft gehört, kann der Hofhund tagsüber ruhig schlafen. Mit lautem Geschnatter wird gemeldet, sobald sich jemand nähert, der nicht zu den bekannten Mitbewohnern von Hof und Haus gehört.

Der Sage nach retteten die auf dem Kapitol in Rom lebenden Gänse im Jahre 387 v. u. Z. die Stadt vor den sich nächtens anschleichenden Kelten, weil sie mit ihrem Geschnatter die schlafenden Römer rechtzeitig weckten. Der römische Schriftsteller Livius machte die Gänse, die der Göttin Juno heilig waren und deshalb überhaupt nur im Tempel auf dem Kapitolinischen Hügel leben durften, mit dieser Geschichte literarisch unsterblich. Nun ja, eine gute Geschichte, wenngleich nicht sehr überzeugend. Denn Gänse pflegen nachts zu schlafen und das Kapitol lag nicht gerade in den Außenbezirken der Stadt, sondern ziemlich im Zentrum. Sollten es die Kelten bis dorthin geschafft haben, wäre Rom bereits in ihrer Gewalt gewesen. An der Reputation der Gänse sollte dies nichts ändern. Es gibt zudem eine andere Möglichkeit, die Gänse und ihre aggressive Wachsamkeit historisch passender ins rechte Licht zu rücken. Die Gänse könnten Nilgänse (*Alopochen aegyptiacus*) gewesen sein; eine kleine, uns inzwischen in Mitteleuropa weithin vertraute Gänseart. Sie stammt aus Afrika, kam zu Zeiten der Römer auch im ägyptischen Nildelta vor und war von den Alten Ägyptern offenbar schon etwas domestiziert gewesen. Nilgänse breiten sich seit Jahren sehr erfolgreich in Nordwest- und Mitteleuropa aus. Ihre Besonderheit – die eher unauffällige Wüstenbraunfärbung ist das nur äußerlich – steckt im Verhalten. Nilgänse gehen außerordentlich lautstark und aggressiv gegen jeden Eindringling vor, mag dieser ein riesiger Büffel oder auch ein Löwe sein. Reicht das Drohen nicht, fliegen sie die Störer unerschrocken an und ihnen ins Gesicht. Da Nilgänse vielerorts in Mitteleuropa auch an kleineren Gewässern vorkommen, kennt man dieses ihr Verhalten ganz gut. Ein Nilganspaar, vor allem wenn es eine Gänschenschar führt, wirkt in der Tat wie ein perfekter Wachhund. Die Unverträglichkeit dieser kleinen Gänseart schränkte allerdings ihre Attraktivität als Haustier stark ein. Im Vergleich dazu sind die großen Graugänse richtig liebe Vögel. Und sie bieten wiederum einen weiteren Blick auf die für Domestikation infrage kommende Artenauswahl. Bei der Graugans ist die Größe günstig, sie entspricht einem Gänsebraten, von dem eine Familie satt wird. Die Nilgans ist viel kleiner. In ihren Ausmaßen gleicht sie einer Ente. Große Gänse existieren in einer Reihe von Arten. Die größten sind die nordamerikanischen Kanadagänse, die seit über hundert Jahren auch verwildert in Europa leben. Auch europäisch-nordasiatische Großgänse kommen zu Zigtausenden als Wintergäste aus dem hohen Norden. Der Ackerbau mit Wintersaaten hat ihr Überwintern begünstigt und die Mengen anwachsen lassen, die in der Tundra erbrütet werden. Auch kleinere Gänsearten leben dort und fliegen zum Überwintern in die klimatisch günstigen Regionen West- und Südwest- oder Südeuropas. Zahlreiche Bilder aus dem Alten Ägypten zeigen, dass nordische Gänse bis an den Nil gelangten und dort gejagt wurden. Bei manchen dieser Arten versuchten sich die Alten Ägypter auch an der Domestikation – erfolglos. Der Grund des Scheiterns lag wahrscheinlich im Zugverhalten: Wo die Gänse sich zum Überwintern wochen- oder monatelang niederlassen, bleiben sie nicht. Im Spätwinter erfasst sie der Zugtrieb und drängt sie zurück nordwärts zum Polarkreis und darüber hinaus. Wandernde Arten sind als Haustiere nicht gut geeignet, außer die Menschen wandern mit, wie im Fall der nordischen Völker mit ihren Rentieren. Die Graugans eignete sich viel besser, denn insbesondere die Gänse der südlichen Vorkommen in ihrem großen eurasischen Verbreitungsgebiet wandern wenig oder nur kurze Strecken.

Die in München frei lebenden Graugänse liefern dazu ein konkretes Beispiel. Im Hochsommer erfasst sie eine Zugunruhe, die dem Mauserzug entspricht. Ein weiterer, noch deutlicherer Schub kommt im Oktober, wenn es auf in den Süden gehen sollte, und auch im zeitigen Frühjahr zeigen sie sich flugunruhig. Doch was tun sie? Sie drehen einige Flugrunden über der Stadt, nachdem sie mit viel Geschnatter gestartet waren, als gelte es, sich zum Fernflug bereitzumachen, und kehren an den Ausgangspunkt zurück. Dort schütteln und schnattern sie sich aus und bleiben. Sie verlassen die Stadt nicht, obwohl sie nicht eingesperrt sind. Es war also kein Zufall, dass die Graugans domestiziert worden ist und keine der anderen, früher wie gegenwärtig der Zahl nach viel häufigeren Gänsearten. Dass eine gewisse Zugbereitschaft dennoch weiterhin vorhanden ist, wird manchen Hausgänsen zum tierquälerischen Verhängnis. Sie lassen sich stopfen.

Denn um die in Frankreich sehr begehrte Fettleber zu erhalten, nutzt man ihre Fähigkeit zur raschen übermäßigen Gewichtszunahme aus. Biologischer Hintergrund dafür ist sehr wahrscheinlich der Jahresrhythmus, der auch auf die Nahrungsaufnahme Einfluss hat. Denn Zugvogelarten müssen rechtzeitig zugfett werden, um sich Energiereserven zu verschaffen, die sie dann während des

Fernflugs ins Winterquartier aufzehren. Das Fett wird im Hoch- und Spätsommer gespeichert, wofür die Gänse verstärkt Nahrung zu sich nehmen. Dieser natürliche und naturnotwendige Vorgang wird beim Mästen verstärkt. Ergebnis ist die Mastgans, im schlimmsten Fall die Fettleber, die *Foie gras*. Pro 100 Gramm enthält sie 150 Milligramm Cholesterin, 44 Gramm Fett und einen Brennwert von 462 Kalorien. Muss man so etwas zum Essen haben?

Anders verhält es sich bei der Verwertung von Federn aus der Gänsehaltung. Gänsedaunen sind ein sehr guter, wertvoller Dämmstoff, und wenn sie von toten Gänsen stammen auch eine sinnvolle Verwertung eines Naturprodukts. Bei den mehr als eine halbe Million Gänsen, die in deutschen Mastbetrieben gehalten werden, fallen entsprechende Mengen an. Weit größer ist die Anzahl der in Deutschland vernutzten Gänse, nämlich rund zehn Millionen pro Jahr. Viele kommen aus Polen, Frankreich und Ungarn. Die Gänsehaltung ist Teil einer Massengeflügelhaltung, die nahezu ganz Europa umfasst, wobei der weltweite Schwerpunkt mit Enten und Hühnern aber in Ostasien liegt. Die globalen Zahlen drücken dies aus: Es gibt eine Viertelmilliarde Gänse, eine Dreiviertelmilliarde Enten, zusammen über eine Milliarde der Kopfzahl nach, aber mit recht unterschiedlicher Gewichtsverteilung. Werden die Gänse auf Enteneinheiten umgerechnet, ergeben sich mehr als eineinhalb Milliarden Stück dieses Geflügels. Entsprechend riesig sind die benötigten Futtermengen. Denn was so gut geklungen haben mag mit der Selbstversorgung, die Hühner wie Gänse und zumeist auch die Enten als Haustiere charakterisiert, ist Geschichte. Ein verschwindend geringer Teil dieses Federviehs lebt noch so. Die Hauptmasse wird künstlich ernährt mit Futter von irgendwoher, das reich an Proteinen sein muss, um das überschnelle Wachstum zu ermöglichen, das Brathähnchen und Mastgeflügel so gewinnträchtig macht.

Früher waren die Enten Dorfteichnutzer, die morgens zum Wasser geführt und abends wieder zurückgeholt wurden. Mit den Gänsen zusammen meistens, die sich besser führen lassen als die Enten. Auf dem Hühnerhof reichte auch ein kleines Wasserbecken, auf dem sich die Enten vergnügen konnten. Feuchte Stellen suchen sie ab nach Würmern, Insekten und Schnecken. Speziell gezüchtete, flugunfähige Laufenten mit spielzeughaft schräg aufgerichtetem Körper sollen auch gegenwärtig die Schnecken in Gärten vertilgen, gegen die seit vielen Jahren

Hausgans
Anser anser

aussichtslose Kämpfe geführt werden. Als Abkömmlinge der Wildform Stockente *Anas platyrhynchos* sind die Hausenten Allesfresser. Allerdings in eingeschränktem Sinne. Das, was sie fressen, muss gehaltvoll sein. Hausenten können nicht wie Hausgänse weitgehend von Gras leben. Sie benötigen tierisches oder konzentriert pflanzliches Protein. Dann gedeihen sie gut, legen Enteneier oder lassen sich im Herbst als magere Mastente verkaufen. Am Teich auf sich allein gestellt und mit Getreide als Zufütterung versorgt, werden die Enten recht fett. Wie die wilde Stockente sind auch sie auf den Herbstzug eingestellt, zudem ergänzt durch die Notwendigkeit, für den Winter auch noch ein ausreichendes Fettdepot zu haben. Daher werden sie ab dem Hochsommer nicht nur zugfett, sondern auch winterfett. In früheren Zeiten ergänzte das Entenfett das Schweinefett im Haushalt der Bauersleute, wenn es Winter wurde. In unserer mit qualitativ hochwertiger Nahrung überversorgten Gesellschaft soll die Ente aber nicht mehr fett, sondern möglichst mager sein. Flugenten und ihr besonders mageres Brustfleisch sind in Mode gekommen. Ebenso die größeren, aus Südamerika stammenden Moschusenten *Cairina moschata,* die fälschlicherweise oft Türkenenten genannt werden. Sie sind von Natur aus schon schwer und keine besonders guten Flieger. Die Zuchtformen können kaum noch abheben. Das macht sie leichter zu halten.

War fürs Haushuhn zu betonen, dass es in unseren Breiten nicht verwildert, so ist das bei der Hausente anders. Ihre Wildform, die Stockente, kommt überall in Mitteleuropa vor, wo es Gewässer gibt. Mehrere Hunderttausend werden alljährlich allein in Deutschland bei der Entenjagd abgeschossen; in Europa insgesamt sind es Millionen. Die Hausenten könnten sich also leicht den Artgenossen in der Freiheit anschließen. Sie tun dies zwar immer wieder, insgesamt aber so selten, dass Hausenten in den Wildentenbeständen keine Rolle spielen. Oder nicht erkannt werden, weil sie dem Wildtyp in Gefiederfärbung und -zeichnung entsprechen? Dieser Einwand ist zwar nicht von der Hand zu weisen, aber offenbar auch nicht gewichtig genug, denn in den Städten gibt es viele Mischlingsbestände, die als Parkstockenten von der Wildform, wie auch von den Hausenten, unterschieden werden und über die Vielgestaltigkeit des Gefieders auch unterscheidbar sind. An ihnen lässt sich ein interessanter Zug beobachten, der dem Facettenreichtum der Haustiere eine neue Dimension hinzufügt: Denn auch wenn sie nicht mehr direkt vom Menschen gehalten und gefüttert werden, breiten sie sich dennoch nicht auf das Umland aus. Sie sind ›Stadtenten‹. In ihrem Verhalten und ihrer Ernährung haben sie sich so sehr auf die Stadtverhältnisse eingestellt, dass es ihnen auf den Gewässern draußen offenbar schwerfällt zu überleben. So zeigen solche eigentlich verwilderten Enten recht gut, wie eng die – wenn auch indirekte – Bindung an die Menschen bereits entwickelt ist: Sie sind Teil der Menschenwelt.

Haustaube

Friedenstaube, Ratten der Lüfte, Champion im Fernflug, Held der Nation als Überbringer wichtiger Nachrichten im Krieg, aufgeblasen wie ein Pfau und verhasst als Fassadenverschmutzer, was fehlt noch an möglichen Charakterisierungen für ›die Taube‹, die domestizierte Form der Felsentaube *Columba livia?* Wo immer die Haustauben vorkommen, teilt sich die Gesellschaft in Taubenfans und Taubenhasser; eine breite Mitte indifferenter oder gemäßigter Menschen gibt es beim Taubenproblem so gut wie nicht. Am meisten Anstoß erregen ausgerechnet jene Tauben, die der Wildform am nächsten stehen, die Straßen- oder Stadttauben. Sie demonstrieren augenfällig, wie erfolgreich die Verwilderung einer Taubenart verlief, die unter den weltweit mehr als dreihundert verschiedenen Taubenarten allenfalls durch Mittelmäßigkeit auffällt. Mehr oder weniger domestiziert wurde sie schon vor Jahrtausenden im Vorderen Orient, wo auch die größten Wildvorkommen leben. Sie erstrecken sich entlang der Küsten des Mittelmeeres und des Atlantiks bis an die Klippen von England, ihrem nordwestlichsten natürlichen Vorkommen. Ob dieses nun tatsächlich ganz und gar natürlich ist oder von der Taubenhaltung, die schon zu Römerzeiten verbreitet war, begründet wurde, bleibt offen und ist letztlich auch gar nicht so wichtig. Denn die verwilderten wie auch ihre nicht domestizierten Artgenossen lassen sich durch ihr Verhalten nicht von den ›verstädterten‹ wilden Felsentauben unterscheiden. Letztere sollen sogar den bei Weitem größten Anteil der Stadttaubenbestände stellen. Deren mitteleuropäischer Brutbestand wurde vor gut zwanzig Jahren auf mindestens eine halbe Million Paare geschätzt, aber vielleicht sind es auch zwei Millionen. Diese Ungenauigkeit liegt daran, dass sich außer bei der Bekämpfung kaum jemand für die Tauben interessiert; für diese Taubenart, muss präzisiert werden, denn die Verstädterung der etwas größeren Ringeltaube *Columba palumbus,* ursprünglich eine Waldtaube, und die Ausbreitung der kleineren Türkentaube *Streptopelia decaocto* vom Balkan her wurden von Vogelkundlern sehr wohl sehr genau verfolgt.

Beide Taubenarten sind inzwischen typische Stadttauben, weshalb die früher so genannte Stadttaube nun besser Straßentaube heißen sollte. Sie flattert quasi zwischen den Lagern hin und her. Auf der einen Seite sind die Vogelkundler und Vogelschützer, die von ihr und dem mit ihr verbundenen Taubenproblem nichts wissen wollen, auf der anderen die Taubenzüchter, die Brieftauben auf Wettflüge schicken, sich an Rassetauben begeistern und das Grobzeug der Straßentauben am liebsten zum Teufel schicken würden, weil es in der öffentlichen Meinung das Bild der edlen Taube so sehr beschmutzt. Dabei hätte sie durchaus etwas Anerkennung verdient, denn die Straßentaube hat es geschafft, sich fast wie der Haussperling mit den Menschen auszubreiten. Ihre Domäne sind die Städte, je ähnlicher Felsgebilden mit Straßenschluchten und himmelstrebenden Hochhäusern, desto besser. Wovon sie sich in einer so extrem künstlichen Umwelt ernähren, wissen nur jene Taubenfreunde, die sie füttern. Dabei kommt jede Menge an passendem oder nicht so geeignetem Futter zum Einsatz oder wird irgendwo gefunden, wie man mit ein bisschen Aufmerksamkeit in jeder größeren Stadt selbst feststellen kann, zumal auf Bahnhöfen. Da reicht das Spektrum von Pommes frites bis zu aufgepickten Zigarettenstummeln, deren Inhalt ihnen vielleicht dabei hilft, die Parasiten in Schach zu halten, von denen sie gequält werden. Offiziell ist das Taubenfüttern fast überall verboten. Inoffiziell wird es geduldet, weil zu viele Menschen vom Hunger der Tauben und ihrem als Betteln gedeuteten Kopfnicken gerührt werden. Taubenfüttern bleibt manch vereinsamter Randfigur der großstädtischen Anonymität oft noch als letzte Möglichkeit zum Nahkontakt mit Lebewesen. Und hat damit Berechtigung, wie so viel anderes auch, das der Mehrheit der Bevölkerung missfällt. Die Tauben in der Stadt spiegeln somit den Sozialkompromiss, und dieser sollte toleriert und nicht durch ein superdeutsches Reinemachen mit ›Außen-hui-Hygiene‹ aus der Öffentlichkeit verbannt werden. Mit Taubenfüttern ist das soziale Problem vielleicht etwas gemildert, das Taubenproblem aber nicht gelöst. Denn jede Fütterung vergrößert nicht nur die Überlebenschance der Taube, sondern verbessert auch ihre Kapazität zur Fortpflanzung. Damit hat es eine besondere Bewandtnis.

Tauben geben Milch. Nicht so wie weibliche Säugetiere, sondern auf andere Weise, aber ähnlich und in besserer Zusammensetzung. Tauben sondern eine sehr eiweißreiche, kräftige Kropfmilch ab und füttern damit ihre Jungen. Und zwar beide Eltern: Auch der Tauber milcht, wenn Junge im Nest sind. Die frischkäseartige Absonderung hat knapp 20 Prozent Eiweißanteil und etwa 10 Prozent Fett, mit dem großen Rest aber stets genug Wasser, sodass die Täubchen nicht zusätzlich noch trinken müssen. Allein schon, dass der Täuberich so direkt zur Versorgung der höchstens zwei Jungen im Nest beiträgt, macht die Tauben zu etwas Besonderem. Das Paar hält auch sehr eng zusammen. Vor der Brutzeit, zwischendurch und wann immer sich eine Gelegenheit bietet, ›schnäbeln‹ sie. Das wirkt. Nicht bloß bei ihnen selbst, sondern auch auf Menschen in entsprechendem Zustand oder um sich an einen solchen zurückzuerinnern. Schnäbelnde Tauben gelten als Symbol der Liebe. Aber es wäre bedauerlich, sie auf dieses Hochzeitskartenformat zu reduzieren. Ihr Verhalten können wir alle beobachten, seit die Tauben angefangen haben, in unmittelbarer Nähe bei den Menschen zu nisten; in Nischen und Höhlungen der Häuser, in bald eigens dafür gebauten Taubenhäusern. Gut geschützte Brutplätze in natürlichen Höhlungen und Grotten am Meer sind rar, und Tauben können sich nicht verteidigen. Ihre Füßchen sind schwach und recht einfach gebaut. Zum Herumtrippeln reicht das; auch zum Sitzen auf Baumästen, wenn sie dort als Fruchttauben reife Früchte bepicken. Die Stärke der Tauben ist ihr Flug; mit raschen, heftigen Flügelschlägen erreichen sie hohe Geschwindigkeiten. Wenn sie einmal auf Touren gekommen sind, lassen sie sich nur von wenigen, noch schnelleren Jägern einholen. Von Großfalken, wie dem Wanderfalken zum Beispiel. Selten einmal schafft sie ein Habicht. Der hält eine Verfolgungsjagd nicht lang genug durch.

Für solche Leistungen braucht es Ausdauer. Tauben nutzen dazu eine Ernährungsform, die recht ergiebig ist an Proteinen und Kalorien: Körner. Am besten geeignet sind Getreidekörner, die vom Menschen gezüchtet wurden. Das Weizenkorn hat einen Eiweißgehalt von um die elf Prozent, der Roggen weniger, die Gerste ähnlich viel. Wildgräser können zwar höhere Gehalte aufweisen, sind aber erstens viel kleiner und zweitens geht es neben dem Protein besonders um den Gehalt an Stärke. Denn diese liefert den Brennwert, die Energie. So war es alles andere als verwunderlich, dass die Tauben den Menschen näherkamen, als diese angefangen hatten, Getreidefelder anzulegen. Bei der Ernte mit einfachsten Methoden, mit der bloßen Hand oder unter Zuhilfenahme einer Sichel zum Abschneiden der Ähren von den Halmen, gab es viel Verlust. Für die Menschen wäre es unergiebig gewesen, ausgefallene Getreidekörner mit den Fingern aufzusammeln. Für die Tauben mit ihren Schnäbeln ist das hingegen einer der leichtesten

Aufgaben. Vielleicht hängt ihr merkwürdiges, bis heute nicht wirklich erklärtes Kopfnicken damit zusammen. Kopf und Hals bleiben in Schwung und sind jederzeit an jeder Stelle in der Lage, sofort zuzupicken. Mehr Körner als unter Naturbedingungen und vielfältige, gut versteckte Brutmöglichkeiten, was hätte für die Tauben reizvoller sein können, als sich den Ackerbauern anzuschließen und in ihren Siedlungen zu leben? Die sogenannte Verstädterung zahlreicher Vogelarten verläuft auch in unserer Zeit nach diesem Grundmuster.

Für das Überleben in der Stadt kam bei den Tauben die Kropfmilch besonders förderlich hinzu. Sie macht unabhängig von der Jahreszeit, weil sie, entsprechend gute Ernährung der Taubeneltern vorausgesetzt, gegebenenfalls sogar im Winter produziert werden kann. In unseren Großstädten hört man nicht selten die Bettelrufe nestjunger Tauben von Trägern der Straßenbrücken oder aus Bahnhöfen mitten im Januar und bei klirrendem Frost. In München erlebte ich, wie solche Winterbruten eine zweiwöchige Dauerfrostperiode mit nachts jeweils unter minus zehn Grad überlebten und erfolgreich ausflogen. Diese Lebensweise hängt mit der Herkunft der Haustaube zusammen. Sie stammt, wie schon angedeutet, aus Südwestasien und dem östlichen Mittelmeerraum. Ausläufer ihres natürlichen Areals reichen bis nach Indien und an die atlantisch wintermilden Küsten. In dieser klimatischen Großregion lösen aber Winterregen ein Wachstum und ein Blühen aus, wie wir es von Frühling und Frühsommer gewöhnt sind. Wenn verwildert lebende Haustauben im Spätherbst und Winter wieder verstärkt in Brutstimmung kommen, entspricht dies ihrem ursprünglichen Wildvogelverhalten. Das führen uns die aus der gleichen Region im 20. Jahrhundert eingewanderten Türkentauben vor. Im Herbst und Frühwinter fangen sie mit intensiven Balzrufen an. Aber der neue Wachstumsschub durch Winterregen bleibt aus, und es wird frostig, sodass die immer wieder versuchten Winterbruten in der Regel scheitern. Denn die ergiebigen Futterplätze in den Städten beanspruchen nach wie vor die größeren und stärkeren Straßentauben. Ihre Vorfahren, die echt wilden Felsentauben, vereinigen also mehrere Eigenheiten, die sie in der Menschenwelt zur erfolgreichsten Taube werden ließen, ohne dass mit viel Nachdruck an ihnen herumgezüchtet wurde. Wobei das selbstverständlich geschah und immer noch geschieht. Die bevorzugten Zuchtziele sind Schnelligkeit, gepaart mit besonders gutem Heimfindevermögen. Die Rasse, oder besser, der Rassenkomplex von Züchtungen, der diese Eigenschaften optimiert, wird von der Brieftaube repräsentiert. Ihre besonders starke Bindung an den Nistplatz, den heimatlichen Schlag, wird bei der Zucht ausgenutzt und über Fernflugwettkämpfe zum Kriterium einer sehr scharfen Selektion gemacht. Manche Brieftauben müssen aus über tausend Kilometer nach Hause fliegen, und dies möglichst schnell. Kein Wunder, dass bei einer solchen Überanstrengung so manche dem Habicht oder Falken zum Opfer fällt, weil sie bereits zu erschöpft ist. In guter Kondition im Nahbereich ihres Nistplatzes würde sie diesen Luftfeinden entkommen. Zur Erforschung des Heimfindevermögens von Tieren und der Orientierung im Flug haben die Brieftauben sehr viel beigetragen. Auch zur Analyse des Fluges ganz unmittelbar, weil sie sich leicht darauf dressieren lassen, in einem Windkanal auf der Stelle zu fliegen, und dabei mit hoher Bildfrequenz fotografiert oder gefilmt werden können. Die Ortsbindung mit Heimflug aus dem Gelände kam gewiss auch den frühen Versuchen, Felsentauben an bestimmte Taubennistplätze zu gewöhnen, sehr zugute. Ein Vogelpaar, das immer wieder an denselben Platz kommt, und das über Jahre hinweg, muss den Eindruck erwecken, wie magisch aneinander und an den Ort gebunden zu sein.

Mit solchen Ausgangsbedingungen fiel es nicht schwer, gezielte Verpaarungen vorzunehmen und Zuchtlinien zu beginnen. Ergebnisse waren Pfauentauben, Kropftauben, Purzler und zahlreiche weitere Formen. Da die Taubenzucht sich im 19. Jahrhundert solch großer Beliebtheit erfreute, ermöglichte sie Charles Darwin Einblicke in die wesentlichen Fakten zur Wirkung der von Züchtern praktizierten künstlichen Auslese, die er mit der Natürlichen Selektion vergleichen konnte. Vielleicht wäre er ohne die Tauben nie zur entscheidenden Schlussfolgerung gekommen, dass die Natur ganz ähnlich wie ein Züchter wirkt, allerdings ohne ein vorgegebenes oder angestrebtes Ziel.

Zwischen den Zuchtrassen und den frei lebenden Tauben besteht, anders als man denken könnte, keine nennenswerte Konkurrenz. Die Zuchtrassen unterlagen und unterliegen einer intensiven Kontrolle. Nur die als am geeignetsten erachteten Tauben lässt der Züchter überleben, alle anderen werden entweder verworfen oder, meistens, als Täubchen gegessen. Im Scharaffenland flogen bekanntlich gebratene Tauben auf Wunsch herbei. Verwilderte Straßentauben waren das wohl nicht. Deren gibt es, um den Bogen zurückzuspannen, vielerorts viel zu viele. Wie übergroße Taubenmassen ›kontrolliert‹, d. h. eingedämmt und vermindert werden sollen, daran scheiden sich jedoch die Geister. Die unter-

Haustaube
Columba livia f. domestica

schiedlichsten Vorgehensweisen sind propagiert und ausprobiert worden. Ein besonders eindrucksvoller Misserfolg ereignete sich vor gut einem halben Jahrhundert in Linz. Einer klugen Überlegung folgend wurde grober Maisschrot im Stadtgebiet ausgelegt, damit die Tauben davon fressen. Das taten sie auch bereitwillig. Präpariert war dieses Futter mit einer damals als Wundermittel eingestuften chemischen Substanz, die die Zellteilung hemmt. Die Tauben sollten damit chemisch sterilisiert werden. Was wohl auch funktionierte, aber gänzlich unerwartete Nebenwirkungen mit sich brachte. Monate nach Anwendung des Mittels wurden die Linzer Spatzen weiß. Bei der Neubildung von Federn während der Mauser bewirkte das Mittel, dass sich kein Melanin mehr darin ablagerte. Melanin ist je nach spezieller chemischer Struktur ein brauner bis schwärzlicher Farbstoff, der nicht nur den Federn die entsprechende Färbung gibt, sondern diese auch fester, belastungsfähiger macht. Da die weißen Spatzen immer mehr zunahmen und die Zahl der normal gefärbten sank, sah man sich gezwungen, das Experiment der Taubenkontrolle »mit der Pille«, wie es damals hieß, abzubrechen. In Basel plädierte der Biomediziner Daniel Haag-Wackernagel nach umfangreichen, jahrelangen Forschungen an den Stadttauben für kontrollierte Taubenhäuser. In jedem Stadtviertel sollte es ein solches geben, betreut von genau jenen Personen, die Tauben füttern; damit sollten sie in die Problematik eingebunden werden, dass bessere Versorgung zwangsläufig mehr Nachwuchs und damit eine Vergrößerung der Schwierigkeiten bedeutet.

Inzwischen führt die zunehmende Taubenfeindlichkeit dazu, dass Häufigkeit und Menge der Fütterungen in der Stadt abnehmen. Das Nisten an Gebäuden und in Bahnhofshallen oder unter Brücken wird ihnen durch Drahtstacheln erschwert. Und seit die Wanderfalken erfolgreich in den Großstädten brüten, tragen auch sie zur Dezimierung bei. Unterkriegen werden sie sich dennoch nicht lassen, die Stadttauben. Ihre weißen Vertreter, die Friedenstauben, müssen dafür sorgen, dass der Krieg gegen sie nicht in der Vernichtung endet.

Haus- und Wanderratte

Hunger lösten sie aus, weil sie über die Getreidevorräte herfielen. Im 14. Jahrhundert brachten sie die Pest und einem Drittel der Bevölkerung Europas den Tod. Doch sie haben ihre Bilanz möglicherweise schon wieder ausgeglichen: Über Medikamente, die an ihnen auf Wirksamkeit getestet wurden, retteten sie unzählige Leben. Einen Atomkrieg werden sie aller Wahrscheinlichkeit nach überleben. Vielleicht auch die ganze Menschheit. Ratten. Schon der Name verursacht Abneigung, bei manchen Menschen auch Ekel. Kein Tier, das zu unserer eigenen Klasse, den Säugetieren, gehört, lebt unter solch schmutzigen, solch schäbigen Verhältnissen wie die Ratten. In der Kanalisation, in alten Abtritthäuschen mit einem eingesägten oder aufgemalten Herz auf der Tür, in Müllhalden – überall, wo die Menschen ihre Abfälle anhäufen, tummeln sich Ratten. Aus Toilettenschüsseln tauchen sie sogar gelegentlich auf. Bei der Verfolgung in die Ecke gedrängt, greifen sie an und springen einem auch schon mal ins Gesicht. Immer wieder kursieren Berichte von nachts im Schlaf angefressenen Babys. Eine Ratte biss in meiner Kindheit unserer Katze die Kehle durch, die zertrennte Speiseröhre ragte heraus. Die Katze ging elend zugrunde, weil niemand zu finden war, der sie ärztlich behandelt oder rasch erlöst hätte. Wir stellten damals Rattenfallen auf, aber der Köder wurde gemieden. Weder mit Fallen noch mit Gift ist ihnen beizukommen. Nur eines bremst sie wirklich aus: Hygiene. Wo es keine offenen Abfälle gibt und Vorräte wohlverschlossen gelagert werden, verschwinden sie. An der Menge der Ratten lässt sich der Hygienestandard der Bevölkerung ablesen. Theoretisch. In der Praxis scheitert das daran, dass Ratten ein sehr heimliches Leben führen. Und auch, dass Ratte nicht gleich Ratte ist. Das bis hierher über sie Geschriebene vereinfacht zu grob, greift Extreme heraus und missachtet die Tatsache, dass es in Europa zwei Arten von Ratten gibt, die sehr unterschiedlich leben.

Beginnen wir mit der Hausratte. Sie ist die kleinere der beiden Arten, schlanker gebaut, mit einem Schwanz, der den Körper an Länge übertrifft, und mit mehr oder weniger schwarzem Fell. Im Englischen heißt sie daher *Black rat,* schwarze Ratte. Die andere Art ist deutlich größer, massiger, mit kürzerem Schwanz und oberseits braunem Fell. Sie wird bei uns durchaus treffend Wanderratte genannt, wissenschaftlich aber verwirrend *Rattus norvegicus.* Dementsprechend nennen sie die Briten auch *Norwegian rat,* meistens aber passender *Brown rat,* braune Ratte. Die Fellfärbung variiert zwar bei beiden Rattenarten, aber mit Schwarz und Braun sind sie ganz gut charakterisiert. Besser jedenfalls als über die Herkunftsbezeichnung. Denn ihre Geschichte ist verworren, und es bleibt umstritten, wie sie überhaupt zu uns, nach Europa, gekommen sind. Allerdings ist das Wissen darüber umso wichtiger, wenn wir ihre Rollen als Krankheitsüberträger und Schädling verstehen wollen.

Meine erste Hausratte sah ich beim Abendessen in einem Restaurant in Sri Lanka. Das war keine Spelunke, sondern Teil einer Touristenanlage, die sehr ordentlich aussah und das wohl auch gewesen war. Die Ratte lief, mit dem langen Schwanz immer wieder ausbalancierend, auf der dünnen Gardinenstange eines Fensters entlang, während das Abendessen (›Rice and Curry‹) serviert wurde. Einigen Gästen verging der Appetit. Das war durchaus nachvollziehbar, verschwand sie doch kurz darauf in die Küche. Sie hatte auch nicht den Eindruck gemacht, sich verlaufen zu haben. Nachts gab es großes Geschrei. Aber es war nicht diese oder eine andere Ratte, die einer Dame angeblich übers Gesicht gelaufen war, sondern höchstwahrscheinlich ein großer Gecko, ein Tokeh, der mit bis zu 35 Zentimetern rattenlang werden kann und nachts in den Gästehäusern herumklettert. Erwünschterweise, weil er Schaben und anderes Ungeziefer fängt. Es wurde vermutet, der Tokeh sei von der Lippencreme der Dame angelockt worden und hatte daran geleckt. Dass diese nach der wenige Stunden zuvor beobachteten Ratte einen Riesenschreck bekommen hatte, ist verständlich. Die Erklärungen beruhigten sie nicht wirklich, weil ein Reptil nachts auf dem Gesicht auch nicht erwünscht war. Die Ratte war eine Hausratte. Immer wieder einmal bekam ich eine zu Gesicht, aber stets nur bei Tropenaufenthalten. Sie ist eine Rattenart der Tropen und der wärmeren Subtropen. Ihr ursprüngliches Kernareal reichte von Südindien bis zu den warmen Randgebieten des Himalajas. Unter diesen Bedingungen kann die Hausratte frei leben. Sollte es ihr zu warm werden, gibt sie den Wärmeüberschuss über den langen, bis auf ein paar Resthaare nackten Schwanz ab, der entsprechend stärker durchblutet wird. Sie wird ausgewachsen um die

Wanderratte

Rattus norvegicus

20 Zentimeter lang und 200 bis 400 Gramm schwer. Als ›Schiffsratte‹ gelangte sie auf nahezu alle tropischen und subtropischen Inseln. Die Briten schleppten sie Ende des 18. Jahrhunderts nach Amerika ein. Bereits um etwa 1500 v. u. Z. erreichte sie von Indien her Persien und den Vorderen Orient, schließlich auch die östlichen Randzonen des Mittelmeeres. In der Römerzeit dehnte sie ihre Vorkommen weiter aus, wiederum wohl vorwiegend als blinder Passagier auf Schiffen. In spätrömischer Zeit gelangte sie nach Mitteleuropa und um das Jahr 1000 lebte sie bei den Wikingern. Vielleicht wurde sie von diesen weiter verbreitet, denn in der Wikingerzeit hatte es eine ausgeprägte Wärmeperiode gegeben. Wärme braucht die Hausratte, weil ihr Oberfläche-zu-Körpermasse-Verhältnis ungünstig ist – zumindest für das Leben in kalten Regionen. Es lag an ihrem Wärmebedürfnis, dass die vor etwa tausend Jahren nach Mitteleuropa gelangten Ratten zu Hausratten wurden. Sie besiedelten die oberen Stockwerke der Häuser, bevorzugt die Zwischenböden, wenn darüber Getreide gelagert wurde (Kornspeicher). Wurde es im Winter kälter, rückten sie näher an die Menschen, die ihre Wohnräume heizten. Obwohl vermutet wird, dass Hausratten bereits im 2. Jahrhundert im damals römischen London (Londinium) eine Pestepidemie auslösten, weil ihre Flöhe Erreger übertragen, wenn sie an Menschen saugen, schreibt man die große Pest des 14. Jahrhunderts heute nicht mehr nur den Ratten zu. Deren Ausbreitungsweg ist gut genug dokumentiert, um das Geschehen nachverfolgen und mit den neuen Handelswegen in Verbindung bringen zu können.

Die Wanderratten waren ursprünglich wohl in den klimatisch kälteren Regionen Zentral- und Nordostasiens beheimatet. Über die im 12. und 13. Jahrhundert intensivierten Handelsbeziehungen mit Asien kamen sie wahrscheinlich schon in die Umgebung des Schwarzen Meeres, und von dort reisten infizierte Menschen zu den Mittelmeerhäfen mitsamt der Pest im Gepäck. Rasend schnell breitete sich die Seuche aus, offenbar vornehmlich über die Häfen bis in die südliche Nordsee. Meerferne, von den großen Handelswegen abgeschlossene Orte verschonte sie, weil Pestkranke nicht hinkamen. Insgesamt, so wird angenommen, raffte die Pest im 14. Jahrhundert über 20 Millionen Menschen, ein Drittel der Bevölkerung Europas, dahin. Örtlich lagen die Verluste noch viel höher. Bei späteren Pestwellen soll die Wanderratte der entscheidende Überträger gewesen sein, obwohl sie weit weniger eng mit den Menschen zusammenlebt als die Hausratte. Etwas vereinfacht, aber durchaus zutreffend, lassen sich die beiden Rattenarten nämlich folgendermaßen charakterisieren: Die große Wanderratte, die doppelt so schwer wie die Hausratte werden kann, besiedelt den unteren, bodennahen und feuchten Teil des Hauses, den Hof und die Ställe, in unserer Zeit die Kanalisation (daher die häufige Bezeichnung Kanalratte), die Hausratte aber die oberen, trockenen Stockwerke und den Dachbereich. Beide hätten mit dieser Hausaufteilung also gut miteinander zurechtkommen können. Doch dem war nicht so. Mit der Hausratte ging es bergab, während die Wanderratte immer häufiger wurde. Möglicherweise trug die Klimaverschlechterung dazu bei, die als ›Kleine Eiszeit‹ bezeichnet wird. Ein Vorspiel dazu gab es im 14. Jahrhundert, als die Wanderratte den Südostrand Europas erreichte; aber nach einem Jahrhundert heftiger Wetterturbulenzen mit gewaltigen Sturmfluten und Überschwemmungen beruhigte sich die Witterung ein gutes Jahrhundert lang, bis um 1600 die große Kälteperiode einsetzte, die bis gegen 1800 andauerte und auch noch ins 19. Jahrhundert hineinreichte. Die Winter wurden in manchen Jahren so bitter kalt, dass der Frost die Bäume zum Platzen brachte. Der Bodensee fror 28-mal komplett zu, während dies in den zweihundert Jahren seit 1800 nur dreimal geschah. Von solchen Frösten blieben auch die Kornspeicher nicht verschont. In und bei den Kellern konnte es wärmer sein als oben unterm Dach. Dort saßen und gediehen alsbald die Wanderratten. So wird aus deren Erfolg und dem Niedergang der Hausratten geschlossen, dass der Neuankömmling die schon länger ansässige Ratte nach und nach verdrängte. Wie, das bleibt der Fantasie überlassen. Fanden Rattenkriege statt? Solche gibt es, aber offenbar nur zwischen Sippen unterschiedlicher Herkunft bei den Wanderratten. Berichte dazu werden aber immer wieder auch bezweifelt. Zu wenig ist bekannt über das Leben der Ratten unter Bedingungen der Freiheit. Zu viel wird ihnen unterstellt. In Großkäfigen gehaltene Exemplare unterliegen möglicherweise zu viel Stress, der ihr Verhalten verändert, sodass sich von ihnen wenig ableiten lässt.

Doch wer ist schon bereit, sich als (junger) Rattenforscher an die Müllkippen oder hinab in die Katakomben der Kanalisation zu begeben, um das Leben der Ratten in Freiheit zu studieren? Die Auskunft »heute Abend kann ich nicht, ich gehe Ratten beobachten« löst im günstigsten Fall Befremden aus. Also konzentriert sich die Rattenforschung, die tatsächlich einen auch finanziell ganz gewaltigen Umfang hat, auf Laboruntersuchungen an gekäfigten Ratten. Sie, die Laborratten, sind das bei Weitem häufigste Versuchstier unter den Säugetieren.

Gezüchtet werden sie seit Hunderten Generationen in reinen Linien, die die auf Rassereinheit bedachten Eugeniker des frühen 20. Jahrhunderts begeistert hätten. Keine Fremdgene, nur erwünschte, auch wenn diese schlimme Defekte bedeuten. Um die Variation, die inhärente biologische Variation gering zu halten, werden die Genpools für die Experimente mit Medikamenten standardisiert. Doch bei der Anwendung der an genetisch einheitlichen Ratten gründlich getesteten Mittel stoßen sie beim Menschen doch wieder auf ausgeprägte Unterschiede. Weil wir nicht geklont und standardisiert sind.

Die Wanderratte wurde auf diese Weise zum mit Abstand häufigsten Labor-Haustier, wenn wir von Insekten wie den Taufliegen (*Drosophila*) absehen. Und nebenbei zu einem Heimtier, das als ›Farbratte‹ so manchem Jugendlichen half, tierisch gegen die Eltern oder gegen Konventionen zu protestieren. Sie alle, die Laborratten wie die Farbratten, stammen von der Wanderratte ab. Die Hausratte verschwand indessen noch heimlicher, als sie sich ohnehin verhielt. Nach den üblichen Kriterien für Seltenheit und Rückgangstendenzen muss sie hierzulande als eine hochgradig vom Aussterben bedrohte Art betrachtet werden. So seltsam es klingt, aber Seeadlern und Wölfen geht es gegenwärtig besser als den Hausratten. Und wenn keine Artenhilfsprogramme ihren Niedergang beenden, wird sie in naher Zukunft in Deutschland verschwunden sein. Als Art ist die Hausratte dennoch nicht bedroht: Es gibt genug davon in den Tropen und Subtropen. *Rattus rattus* ist auf der sicheren Seite des Überlebens. Sie kam vor tausend Jahren zu uns und verschwindet wieder. Müssen wir sie – außer in Labors oder in irgendwelchen Zuchten zu Forschungszwecken – denn bei uns haben, wenn es weltweit Millionen Hausratten gibt? Muss jede Art, die einmal von irgendwo hierher gekommen ist, auf jeden Fall erhalten bleiben und vor dem Wiederverschwinden gerettet werden? Die Hausratte konfrontiert uns mit unangenehmen Fragen. Käme sie jetzt zu uns, würde sie mit der geballten Macht der öffentlichen Artenschutzmeinung als Fremdling verteufelt und am Eindringen gehindert. Demgegenüber wird sie derzeit in der »Roten Liste der gefährdeten Tiere Deutschlands« als »vom Aussterben bedroht« eingestuft. Wie der Feldhamster, ein als Nagetier entfernter Verwandter, der bereits größere Bauvorhaben verhindert hat, weil sie seine eigenen Baue geschädigt hätten. Also dürfen wir gespannt sein, wann in Deutschland das erste Rattenhaus mit Getreidefütterung eröffnet wird und man die Hausratten ähnlich gut versorgt wie im Rattentempel von Rajasthan in Indien.

Hausmaus

»Wir haben keine Mäuse« (O-Ton »Mia hom koa Meis«) bekam R.D. Sage, Biologe an der University of California, oft zu hören, als er in den Achtzigerjahren Bayerns Hausmäuse erforschte. Mäuse fing man hierzulande mit der klassischen Mausefalle, sollte die für den Mäusefang eigentlich zuständige Katze versagt oder damit begonnen haben, Kitekat dem selbst erjagten Frischfleisch vorzuziehen. Mäuse im Haus zu haben, wiesen vor allem die Bäuerinnen als ungehörige Unterstellung zurück. Aber meistens ließen sie sich von dem smarten, eine köstliche Mischung aus Amerikanisch und Bairisch sprechenden Forscher doch überzeugen, dass Kontrolle besser als glauben ist, auch wenn die Katze schon lange keine Maus mehr gebracht haben sollte. Die Befunde dieser Hausmausforschung in Bayern fielen ebenso klar wie verblüffend aus. Etwas östlich von München zieht sich durch Bayern nach Norden zu eine nur wenige Kilometer breite Grenze zwischen zwei Formen der Hausmaus. Im Osten lebt die ›Feld-Hausmaus‹, wissenschaftlich *Mus musculus musculus.* Westlich der Grenze aber die ›Haus-Hausmaus‹ *Mus musculus domesticus.* Warum es diese klare Trennung gibt, die keinen geografischen Barrieren folgt, sondern wie willkürlich gezogen aussieht, wenn man sie auf einer Europakarte verfolgt, war reichlich rätselhaft. Von Bayern südwärts durchschneidet sie nämlich Österreich bei Salzburg, verläuft weiter nach Istrien, folgt dem dalmatinischen Küstengebirge die Adria entlang und biegt quer über den Balkan ostwärts ab, bis sie in Bulgarien auf das Schwarze Meer trifft. Im Norden durchschneidet sie Ostdeutschland und trifft in Dänemark auf die Nordsee. Somit teilen sich die zwei Unterarten der Hausmaus ganz Europa auf recht merkwürdige Weise. Nennen wir zur Vereinfachung die echte Hausmaus nun die Westmaus und die Feld-Hausmaus die Ostmaus. R.D. Sage präzisierte aber nicht nur den Verlauf der vorher nur grob bekannten Grenze, sondern fand auch heraus, dass die Ostmäuse in Bayern andere Parasiten in sich tragen als die Westmäuse. Mehr noch: Die Mischlinge, die es gibt, weil sich Ost- und Westmaus im Grenzgebiet gelegentlich paaren, tragen ein Mehrfaches an Parasitenbelastung in sich. Er schloss daraus, dass es den Mischlingsmäusen schlechter geht, die natürliche Selektion gegen sie wirkt und sie deswegen selten vorkommen – dadurch bleibt die scharfe Grenze aufrechterhalten und es entsteht kein breiteres, ausfransendes Gebiet mit Kreuzungen. Zwar bezweifeln europäische Forscher nach weiteren Untersuchungen aus anderen Abschnitten der Kontaktzone mittlerweile diese Befunde, aber das Rätsel von Ost- und Westmaus und warum sie sich nicht einfach vermischen, konnten sie auch nicht lösen. Es steht immer noch frei für weitere Forschungen.

Nun scheint die Lösung des Hausmausrätsels auch nicht besonders wichtig. Tatsächlich hatten die Forschungen aber einen sehr ernsten Hintergrund. Es sah nämlich danach aus, dass Frauen, die von östlich der Hausmaus-Grenze stammten, ein beträchtlich geringeres Risiko hatten, an einer bestimmten Form von Brustkrebs zu erkranken, als solche aus dem Westmaus-Gebiet. Vermutet wurde, dass Viren beteiligt sind, die von den Mäusen auf die Menschen überwechselten und sich als Fremdinformation im Genom festsetzten. Unter bestimmten Bedingungen entfalten sie, ähnlich wie heutige Computerviren, ihre destruktive Aktivität. Dieser Verdacht kam bei jungen Frauen auf, die jahrelang in Forschungsinstituten mit Labormäusen zu tun hatten und überproportional an Brustkrebs erkrankten. Die Häufigkeit jenes Brustkrebstyps schien mit ihrer Herkunft aus West- oder Osteuropa zusammenzuhängen. Der Aufenthalt des jungen Forschers aus Kalifornien in Bayern war also vollauf gerechtfertigt. Seine mitunter skurrilen Erlebnisse auf bayerischen Bauernhöfen verliehen der Forschung die Würze, die diese Fragestellung zweifellos verdiente. Dass Haustiere Quellen von Krankheitserregern sein können, steht fest. Das gilt grundsätzlich für echte Haustiere, wie Katze und Hund, aber auch für Tiere im Haus, wie Mäuse und Ratten. Die Hausmaus ist ja geradezu ein Musterbeispiel dafür, dass Tiere zu uns kommen, sich uns anschließen und bleiben, ob wir's wollen oder nicht. Dagegen helfen nicht Gift und Galle. Unsere Attraktivität ist hoch. Für Flöhe, Wanzen und Läuse ganz besonders, aber um sie geht es in einem folgenden Abschnitt. Bleiben wir bei ›der Maus‹; sie hat genug zu bieten, das sich zu vertiefen lohnt.

So steht hinter der speziellen Frage, weshalb es die scharfe Grenze zwischen Ost- und Westmaus gibt, die allgemeinere, warum *Mus musculus,* die längst nahezu global verbreitete Hausmaus, überhaupt in diesen unterschiedlichen Subspezies verbreitet ist. Die Erklärung fällt zwangsläufig spekulativ aus, weil die Ereignisse Tausende, vielleicht sogar Zehntausende von Jahren zurückliegen. Plausibel ist sie dennoch. Vor etwa 12 000 Jahren ging die letzte Eiszeit zu Ende. Die Gletscher schmolzen ab, das von ihnen bedeckte Land wurde eisfrei. Mit fortschreitender Erwärmung des Klimas kamen nach und nach Pflanzen und Tiere zurück, die in einem kleinen südwestlichen Refugium auf der Iberischen Halbinsel und einem viel größeren, nach Südwestasien hineinreichenden auf dem Balkan überlebt hatten. Viele der Arten, die sich wieder ausbreiteten, trafen in Mitteleuropa zusammen. Manche hatten sich in den Zehntausenden Jahren der Isolation in ihren Refugien genetisch bereits verändert. Je nachdem wie stark, mischten sie sich frei oder nur noch eingeschränkt, und es kam beim Zusammentreffen eine mehr oder weniger breite Zone von Mischlingen zustande. Raben- und Nebelkrähe sind das bekannteste Beispiel hierfür. Die Rabenkrähe lebt in einem west- bis südwesteuropäischen Areal, das im Großen und Ganzen dem der Westmaus entspricht. Das Vorkommen der Nebelkrähe deckt sich etwa mit dem der Ostmaus. Die Grenze zwischen beiden Formen der Aaskrähe, wie Raben- und Nebelkrähe zusammen genannt werden, verläuft durch Deutschland, nur etwas weiter östlich als jene der Hausmäuse, und sie reicht im Süden bis Oberitalien.

Also könnte es doch sein, dass West- und Ostmaus nacheiszeitlich auch aus Refugien im Südwesten und Südosten aufeinander zugewandert sind. Als sie sich in Mitteleuropa trafen, bildeten sie die Grenze, die beide nach wie vor trennt. Das Beispiel der Krähen würde bestens dazu passen, da es bei diesen auch zu keiner großflächigen Vermischung gekommen ist. Eine solche hätten die Krähen dank ihrer Flugfähigkeit viel leichter zustande bringen können als die kleinen Mäuse mit ihrer sehr bescheidenen Schrittlänge und Hüpf-Geschwindigkeit. Doch wie so oft verhält es sich in der Natur nicht so einfach. Wenn wir anstelle von Ost- und Westmaus wieder präziser östliche und westliche Hausmaus verwenden, stoßen wir über den Namen sogleich auf den entscheidenden Unterschied. Hausmäuse kommen nicht im Freien vor. Maus ist nicht gleich Maus, die Vereinfachung passt allenfalls zur Sicht der Katze. Die Hausmaus ist als Mäuseart engstens mit den Menschen, mit Haus und Hof verbunden. Auf freiem Feld oder im Wald gibt es sie nicht. Gemeint ist damit die ›echte‹ Hausmaus, die Haus-Hausmaus *Mus musculus domesticus.* Die östliche Hausmaus hingegen ist zum Leben im Freien durchaus in der Lage. Dennoch bleibt sie ganz eng an die Gebäude der Menschen gebunden. Ein richtig freies Leben führt auch sie nicht. Viele Befunde sprechen dafür, dass sich diese Ostmaus zusammen mit den Menschen ausbreitete, als diese von Südosten her nach Europa einwanderten und den Ackerbau mitbrachten. Eine nahe verwandte Unterart der Ostmaus, die Ährenmaus *Mus* (*musculus*) *spicilegus* lebt dagegen richtig im Freien. Sie bleibt ganzjährig auf den Fluren. Der östlichen Hausmaus sieht sie sehr ähnlich, hat aber einen deutlich kürzeren Schwanz und unterscheidet sich in einigen weiteren Eigenschaften. Wichtig ist ihre Spezialität, die Anlage unterirdischer Depots, in denen sie Körner von Getreide und Wildgräsern als Wintervorrat sammelt. Diese enthalten zumeist um die 5, im Extremfall aber bis zu 16 Kilogramm Körner. Es wird angenommen, dass die Menschen in der fernen Anfangszeit des Getreideanbaus gelegentlich die Vorräte der Ährenmäuse geplündert haben. An fremde Vorräte zu gehen, ist also nicht ganz einseitig den Mäusen anzulasten. Die Westmaus als Haus-Hausmaus kam hingegen wahrscheinlich auf Schiffen vom östlichen Mittelmeerraum nach Südwest- und Westeuropa, d. h. sie breitete sich mit dem Warentransport aus. Bevor sie in frühhistorischer Zeit in den Vorderen Orient gelangte, stammte sie ursprünglich aus Südasien, also aus klimatisch warmen Regionen. Ihre Bindung an die Menschen ist daher erheblich stärker ausgeprägt als die ihrer östlichen Verwandten aus dem Schwarzmeergebiet, die dort unter kälteren Bedingungen lebten. Engerer Anschluss bedeutet erhöhte Ansteckungsgefahr mit Krankheitserregern. Vielleicht drückt sich im Verbreitungsmuster der beiden Hausmaus-Formen die Besiedlungsgeschichte Europas aus. Das Areal der Ostmaus entspricht durchaus grob der Ausdehnung des Siedlungsbereichs der Slawen, das der Westmaus dem keltisch-romanischen Areal.

Wahrscheinlich wäre die Katze nicht das häufigste Haustier in Deutschland geworden, hätte es die Zuwanderung der Hausmäuse nicht gegeben. Beide, Katz und Maus, bremsten sich in der Entwicklung zum Haustier. Die Katze verblieb im recht selbständigen, halbdomestizierten Zustand, weil sie sich dank der Mäuse ohne Fütterung selbst versorgen konnte. Hausmäuse gab es genug. Sie banden die Katze an Haus und Hof, auch wenn es auf den Fluren immer wieder viele Feldmäuse gab. Ihre nächtliche Aktivität passte zu der der Mäuse. Katz und Maus ist also nicht bloß ein Fangspiel, sondern sie sind die Pole einer engen Beziehung. Dass ihr Wechselspiel gleichsam vor unseren Augen in Haus und Hof abläuft, macht den besonderen Reiz aus. Die Hausmäuse hätten ohne die Katze(n)

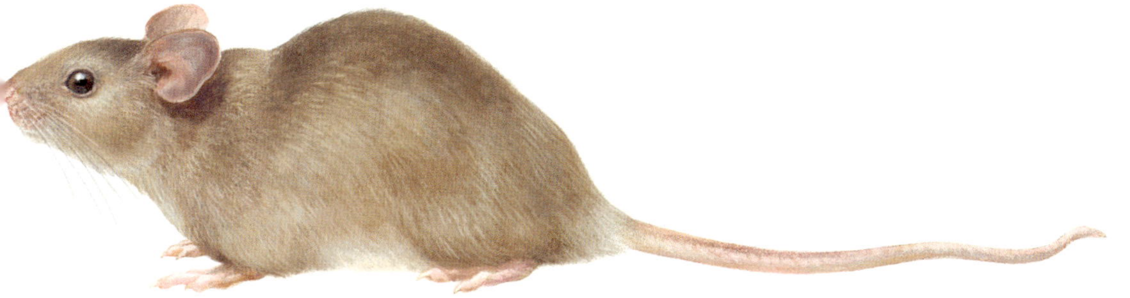

Hausmaus
Mus musculus

durchaus zahmer, domestizierter werden können. Wie schnell das geht, zeigt ihre jüngste Geschichte, die Wandlung der grauen Maus zur weißen Labormaus.

Hausmäuse lassen sich gut züchten. Sie werden rasch zahm. Und da sie von äußerst unterschiedlicher Nahrung leben können, deren Spektrum von Getreide und Speck bis zu Kernseife reicht, eignen sie sich bestens zur Erforschung der Futterverwertung. Ihre schnelle Vermehrung mit bis zu acht Würfen pro Jahr und die gut handhabbare Größe bei nur 20 bis 30 Gramm Körpergewicht machten sie für Laborexperimente zum idealen Säugetier. Die Jungen sind schon mit zwei bis drei Monaten fortpflanzungsfähig. Genetisch reine Linien lassen sich leicht erzielen. Die Weiße Maus ist die Standardlabormaus. Sie ermöglicht zuverlässig standardisierte Tests. Besonders wichtig sind Mäusestämme, die Defektmutationen in sich tragen, sogenannte Knockout-Mäuse (konditional-gendefiziente Mäuse). Für die medizinisch-biologische Grundlagenforschung waren und sind diese so bedeutsam, dass Martin Evans, Mario Capecchi und Oliver Smithies 2007 für ihre Erzeugung den Nobelpreis erhielten. An Unmengen von Labormäusen (und Ratten) werden schon seit Jahrzehnten Medikamente und andere Stoffe getestet, bevor sie am Menschen angewandt werden dürfen. Mäuse schützen uns auf diese Weise gegenwärtig ähnlich wie einst die Vorkoster die Mächtigen. Galten Hausmäuse früher als Schädlinge, die man mit Katzen, Fallen und Gift auszurotten versuchte, weil sie Nahrungsmittel verzehren und verderben oder gefährliche Krankheiten wie Leptospirose (Weil-Krankheit), Virus- und Salmonelleninfektionen übertragen können, so dienen sie heute der Gesundheit. So dürften sie, wenn nicht sogar zu den häufigsten Nutztieren der Menschheit, so doch auf jeden Fall zu den bedeutendsten gehören. Wie wenig sie trotz dieser wichtigen neuen Rolle auffallen, kann man zum Beispiel an dem ergiebigen Buch *Life Counts. Eine globale Bilanz des Lebens* von Michael Gleich, Dirk Maxeiner, Michael Miersch und Fabian Nicolay aus dem Jahr 2000 illustrieren. Die Hausmaus ist darin weder unter den Nutztieren aufgeführt, noch unter den global häufigen und bedeutsamen Tieren zu finden. Doch sie ist alles andere als nur für die Katz, die kleine Maus, die sich vor Jahrtausenden an die Menschen so eng angeschlossen hat, dass ihr Überleben von uns abhängt.

Marder und Waschbär

Wenn es im Haus unterm Dach heftig rumort, kann man fast sicher sein: Die Marder fühlen sich richtig wohl. Und wenn es zu stinken anfängt, auch. Dachböden empfinden sie als Einladung, bei uns einzuziehen. Zumal wenn ihnen mit Schachteln, alten Matten und sonstigem Gerümpel Schlupfwinkel und Spielplätze geboten werden. Dann kann sich nächtliches Marderleben wie ein durcheinandergeratenes Fußballspiel anhören. Ist der Lärm auch störend, unangenehmer wird eine Marderfamilie, wenn die Mutter reichlich Beute macht und die Jungen manches nicht mögen und übriglassen. Eine Kröte zum Beispiel oder einen halben Maulwurf. Die sind allenfalls dritte Wahl nach Mäusen und reifem Obst. Katzenfutter, die meist unbestrittene Nummer eins der Vorzugsliste, wird hingegen in aller Regel vor Ort verzehrt, also unten, und nicht dem geruchsintensiven Verfaulen überlassen. Marder stinken aber auch so. Sie sind nahe verwandt mit dem Iltis, der früher ganz direkt ›Stinker‹ genannt wurde, und gleichsam die ›Light‹-Version des echten Stinktiers ist. Das hängt mit ihrer Ernährung und Verdauung zusammen. Erstere besteht großenteils aus Fleisch, genauer aus tierischen Proteinen, Letztere verläuft recht schnell. Warum, das ergibt sich aus dem Körperbau der Marder und ihrer Jagdweise. Sie sind sehr schlank, lang gestreckt und mit einem dichten, feinen Fell bedeckt. Dieses ist zwar nicht so fein wie bei den ihnen gleichfalls nahe verwandten, aber in sibirischer Winterkälte lebenden Zobeln, doch fein genug, dass eine der beiden Marderarten, die es bei uns gibt, deswegen Edelmarder, *Martes martes,* genannt wird. Dabei stinkt er genauso wie sein etwas größerer Artvetter, der Steinmarder, um den es hier speziell gehen soll. Denn dieser, *Martes foina,* wie er wissenschaftlich heißt, gilt als Hausmarder und wird oft auch so bezeichnet. Der Edelmarder hingegen ist der Baum- oder Waldmarder. Klingt nach klarer Trennung der Lebensräume, aber die beiden Marderarten haben eigene Vorstellungen und halten sich oft nicht an das ihnen zugeteilte Schema. Vielmehr versuchen sie jeweils die gerade vorhandenen Möglichkeiten zu nutzen und den Nachstellungen der Jäger zu entgehen. Diese halten beide Marder für schlimm und untragbar in einem ordentlichen Revier, in dem es dem Niederwild so gut gehen soll, dass der Jäger viel schießen kann. Dass dieser Anspruch mit den Vorstellungen von Marder und Fuchs in Konflikt gerät, die dorthin streben, wo es viel Wild gibt, das sie erbeuten können, macht sie für die Jäger zu ›Raubwild‹, das sie kurz zu halten trachten, um nicht allzu viel von ihrer Beute abgeben zu müssen. Bei Tieren nennt man dies Futterneid. In Jägerkreisen notwendige Regulierung. Der Steinmarder hat das irgendwie eingesehen, so der Eindruck von jagdlich unbeteiligten Beobachtern, und seine Aktionsschwerpunkte dorthin verlegt, wo die Jäger nicht schießen und höchst selten Fallen aufstellen dürfen. Die Häuser, Schuppen, Industrieanlagen und die Städte überhaupt sind nun die Zentren seiner Vorkommen. Aus dem Steinmarder, der ursprünglich mehr in offenem, steinig-buschigem Gelände jagte, ist ein Hausmarder geworden. Treffender wäre mittlerweile sogar die Bezeichnung Automarder, wenn diese nicht bereits anders belegt wäre. Denn diese Fahrzeuge haben es dem Marder angetan. Vor allem den Motorraum halten sie für unwiderstehlich. Sie nutzen ihn als aufgeheizten Spielraum, zum Schlafen und immer wieder auch zum Abreagieren ihres Ärgers mit anderen Mardern. Dieser kommt zustande, weil die allermeisten Autos die (aus Mardersicht) unerwünschte Eigenschaft haben, ihren Standort zu wechseln. Hat der Marder aus der Straße X in der Nacht zuvor seinen kuschelig-warmen Platz unter der Motorhaube eines Pkw so markiert, dass jeder andere Artgenosse riechen kann, wer hier war und das Recht in Anspruch nimmt wiederzukommen, löst dies bei all jenen eine gewaltige Wut aus, in deren Revier das Auto in folgenden Nächten abgestellt worden bzw. eingedrungen ist. Den Stinker, der die Duftmarken setzte, findet er nicht mehr, also beißt er in die Kabel und Schläuche und markiert selbst auf das Heftigste. Dies hat sich ungefähr so zugetragen, wenn eines unschönen Morgens das Auto nicht mehr anspringt, weil das Zündkabel durchgebissen ist. Oder aus entsprechendem Grund die Bremse nicht mehr funktioniert. Stadtmarder, die dieses tun, sind daher bei den Autowerkstätten sehr beliebt, auch wenn dies nicht öffentlich zugegeben wird. Bei tieferer Betrachtung der Marderszene und bei Berücksichtigung der Schäden, die sich allein im Lauf eines Jahres aufsummieren, packt einen unwillkürlich die Fassungslosigkeit, dass es nicht möglich sein sollte, den Motorraum mardersicher zu konstruieren. Was kann die Autotechnik sonst nicht alles, auch Nicht-

Steinmarder
Martes foina

genehmigtes. Hingegen wird nach Art der mittelalterlichen Quacksalber dieses und jenes Mittel zur Vergrämung von Mardern angeboten. Das Spektrum reicht von Ultraschall bis zu Stinkereien, die selbst den Mardern zu viel sein sollen. Meine Methode bestand darin, einen Rahmen mit Drahtgitter, wie es für Hasenställe verwendet wird, unter den Motorbereich des Autos zu schieben, wenn es in München im Freien stehen musste. Das tat meinem Rücken nicht gut, zumal im Winter, hielt aber offenbar die Marder davon ab, nochmals in den Motorraum einzusteigen, nachdem sie darin bereits einen Teil der Innenverkleidung der Motorhaube heruntergebissen hatten. Marder akzeptiert man deshalb lieber unterm Hausdach als unter der Motorhaube, wenn man sie schon haben muss.

Dort oben spielen sie äußerst gern. Und mindestens so intensiv wie junge Katzen, aber ungleich geräuschvoller. Denn ihre Krallen sind stumpfer, ihre Pfoten härter und ihr Gehüpfe dementsprechend wenig samtpfotig. Äpfel, die sie über den Boden kullern lassen, lernt man schnell vom Springen und Toben der Jungmarder zu unterscheiden. Haben sich Marder erst einmal auf dem Dachboden eingenistet, bekommt man sie kaum wieder los. Die einzige Möglichkeit besteht darin, alle Schlitze, Lüftungsöffnungen und sonstige Einschlupfmöglichkeiten für so ein schlankes Tier dichtzumachen. Luftdicht sollte es jedoch nicht sein, denn es würde die Durchlüftung des Dachbodens beeinträchtigen. Bei alten Häusern stellt so ein Vorhaben eine kolossale Herausforderung dar. Neubauten sind in aller Regel mardersicher. Schuppen und Gartenhäuschen meistens nicht. Fürs Marderleben reichen aber auch locker aufgeschichtete Holzstapel, Röhren und dergleichen. Wer seinen Garten daraufhin durchmustert, wird rasch sehen, dass die Marder reichliche Möglichkeiten haben, bei uns zu leben, und die Stadt ihnen viel Schutz bietet. Nahrung finden sie ohnehin genug. Es gibt Mäuse, stellenweise auch Ratten, Kleinvögel, die nicht gut genug fliegen können, Futter, das für die Katzen hinausgestellt wird, und im Sommer und Herbst Beeren und Obst. Kirschen werden von Mardern ganz besonders geschätzt. Kaum dass die ersten reif sind, kann man im typisch länglichen, klebrigen und schwärzlichen Kot der Marder die Kerne erkennen. Solche von Wildkirschen draußen im Wald und die von Süßkirschen in der Stadt. Je süßer desto lieber, gilt für die Hausmarder. Mit süßen Früchten und Frikadellen lassen sie sich vertraut machen, sofern Letztere nicht zu sehr gewürzt sind. Oder die Füchse in der Stadt noch schneller bemerken, was da Gutes geboten wird. Da sie größer und stärker als Marder sind, dominieren sie diese. Doch vertreiben können die Füchse die Marder nicht. Deren Vorteil ist ihre Kletterfähigkeit. Fuchsbesuch auf dem Balkon im dritten Stock wird man nicht erwarten können, Marderbesuch durchaus, wenn ein größerer Baum nahe genug steht und die Wand Rauverputz hat. Eichhörnchen klettern daran noch geschickter, aber Marder, die hinter ihnen her sind, können oft die Lage besser einschätzen. Daher gehören die Eichhörnchen zum Beutespektrum der Stadtmarder. Womit sich ihre Fähigkeiten mit denen der Baummarder im Wald auch im Bereich der Jagd nach Beute durchaus überschneiden. Möglicherweise lag und liegt es am wertvolleren Fell des Baummarders, dass er weniger oder noch gar nicht in die Städte eingedrungen ist. Denn leben könnte er in den großen Parkanlagen auf jeden Fall. Aber zu viele Baummarder wurden gefangen und zu Pelzmänteln verarbeitet; so gereicht das weniger schöne Fell dem Hausmarder wohl zum Überlebensvorteil.

So bleibt die außerordentlich hohe städtische Lebensqualität dem Stadtmarder vorbehalten. Dass in urbanen Gebieten fünf- bis zehnmal so viele Marder pro Quadratkilometer leben wie auf dem Land in Flur und Wald, kann durchaus als allgemeiner Hinweis auf die Attraktivität des städtischen Raums für verfolgte Wildtiere gelten. Die Vorteile hat auch ein anderes, mit den Mardern nur recht entfernt verwandtes Säugetier in den letzten Jahrzehnten für sich entdeckt: Der Waschbär *Procyon lotor*. Er ist beträchtlich größer als die Marder und ähnelt, wenn auch nur sehr grob, dem Fuchs. Kennzeichen, die den Waschbär unverkennbar machen, sind der schwarz geringelte, ziemlich buschige Schwanz und die ›Banditenmaske‹ über die Augen. Seine Heimat ist Amerika, bei ›unserem‹ Waschbär Nordamerika, was zu betonen ist, denn im tropischen Südamerika gibt es mit dem Krabbenwaschbär eine weitere Art, die weniger von der Menschenwelt hält als ihr nordamerikanischer Vetter. Vor allem in den USA sind Waschbären durchaus wohl gelitten. Es gibt sie überall, wo sich Menschen angesiedelt haben. Sie sind zwar weitgehend nachts aktiv, aber nicht sonderlich scheu, so sie nicht verfolgt werden. Anders bei uns! Hier gelten sie als unerwünschte, wieder auszurottende Fremdlinge, die allzu viel Schaden anrichten und ›unsere Landeskultur‹ bedrohen. Waschbären dürfen daher hemmungslos bejagt werden. Ihre Ausbreitung hat das bislang zumindest nicht verhindert. In den Großstädten leben sie gesichert genug. Schlecht geht es ihnen vorwiegend auf dem Land. Von der langen

Waschbär

Procyon lotor

Liste der ihnen angehängten Verbrechen stimmt kaum etwas: Weder rotten sie die heimischen Vögel aus, noch plündern sie Legebatterien. Dass sie den einen oder anderen Hühnerhof auf- bzw. heimsuchen, ist zwar richtig, aber das wird zunehmend seltener der Fall sein. Denn es gibt diese Hühnerhaltung immer weniger. Die durch die Seuchengefahr in Massenhaltungsbetrieben immer hermetischeren Hühnerzuchtkomplexe erlauben Waschbären und anderen kleinen Jägern kaum noch Zutritt. Wo können dann Waschbär und Marder oder auch der Fuchs noch Schaden anrichten? Im Obstgarten, wo unter den Bäumen die heruntergefallenen Äpfel vergammeln? Hinter der Stigmatisierung des Waschbären steckt die Ablehnung des Fremden. Diese trifft auch so manche andere ›fremde Art‹. Dass außer Hund, Gans und Ente eigentlich alle Haustiere fremd sind, interessiert hingegen kaum jemand mehr, denn sie sind als Nutztiere ebenso akzeptiert wie der fremde Mais und die gleichfalls fremde Kartoffel aus Amerika als Nutzpflanzen. Die Jäger können den rein fürs Jagdvergnügen eingeführten und mehr oder weniger heimisch gemachten Fasan sogar massenhaft in Volieren züchten und danach zum Abschuss freilassen. Menschen, die für Tiere aufgeschlossen sind, dürfen sich hingegen an so einem reizvollen Säugetier wie dem Waschbär nicht erfreuen. Weil die Jäger das nicht wollen! Die Chance des Waschbären liegt deshalb in den Städten. In dieser am stärksten veränderten Umwelt werden sie wahrscheinlich doch überleben können. Die Hausmarder haben vorgemacht, wie das geht. Die Füchse sind ihnen gefolgt. Die Stadtbevölkerung ist tolerant genug, solche Tiere leben zu lassen. Die Schäden, die Marder an Autos angerichtet haben, sind echte Schäden, keine eingebildeten. Dennoch fand kein Ausrottungsfeldzug statt. Die Stadtbevölkerung hat eine andere, eine ungleich tolerantere Haltung. Stadtluft macht frei, das gilt für Marder, Fuchs, Waschbär und Co.

Fledermäuse

Wo gibt es die meisten Fledermäuse in Deutschland? Die Antwort »in Berlin« ist für viele Menschen verblüffend, auch für jene, die zur Kenntnis genommen haben, dass über der Hauptstadt nach wie vor Fledermäuse durch die Sommernächte fliegen. Besser noch trifft die allgemeinere Feststellung zu: in den Großstädten, längst nicht mehr auf dem Land. Das hat natürlich Gründe, offenkundige und verborgenere. ›Offenkundig‹ ist, dass Fledermäuse Höhlen oder zumindest Höhlungen als Tagesrastplätze sowie wohltemperierte Höhlen als Winterquartiere benötigen. Wo sollten sie solche auf dem flachen, für die agrarische Massenproduktion ausgeräumten Land finden? Da mangelt es oft genug sogar an Mauselöchern, in die sich die Fledermäuse, auch die kleinen Arten, ohnehin nicht zurückziehen könnten. Im Verborgenen kann man mehr entdecken. Dazu ist es nötig, das Leben der Fledermäuse in den Grundzügen zu betrachten.

Sie sind keine Mäuse, sondern zoologisch eine ganz eigenständige Ordnung namens Chiroptera. Das ist ein Kunstwort aus dem Griechischen und bedeutet sehr zutreffend Handflügler, weil die Fledermäuse tatsächlich mit den Händen fliegen. Spannhäute zwischen den stark verlängerten Fingern, die bis zum Körper reichen und Hinterbeine und auch den Schwanz mehr oder weniger mit einschließen, bilden die Flügelfläche. Diese Flughaut ist in ihrer Gesamtheit durchblutet, also ein lebendig bleibendes Gebilde, und nicht, wie die Federn der Vögel, tot. Diese Klarstellung ist sehr wichtig, weil fast alles im Leben der Fledermäuse damit zusammenhängt. Etwa dass sie in Ruhe nicht sitzen (können), sondern festgekrallt an einer Decke oder Wand kopfabwärts hängen. Und dass sie sich zum Abflug in die sogleich ausgebreiteten Flügel fallen lassen müssen. Außerdem entwickeln sich bei ihnen wie bei allen Säugetieren die Babys im Mutterleib, und nach der Geburt müssen sie bis zur vollen Selbstständigkeit mit Milch aus Brustdrüsen ernährt werden. Fledermäuse leben von fliegenden Insekten. Ihr Gebiss enthält viele kleine, aber nadelspitze Zähne. Sie ähneln damit den Spitzmäusen und anderen sogenannten Insektenfressern unter den Säugetieren. Mit Mäusen sind sie weniger verwandt als mit dem Maulwurf. All das und noch viel mehr Besonderheiten, welche die Fledermäuse auszeichnen, bedeuten, dass ihre Lebensweise anders ist, ganz anders. Als? Das ergibt sich aus der nachfolgend kurz erläuterten Charakteristik ihres Fledermausdaseins.

Die Fledermäuse sind Säugetiere, keine Vögel. Ihre Flugfähigkeit hat sich ganz eigenständig entwickelt: Fliegen die Vögel, verlieren sie über die Flügel kein Wasser und kaum Wärme. Fliegen die Fledermäuse, gibt ihre durchblutete Flughaut beides ab, Wasser und Wärme. Je trockener die Luft und je wärmer es ist, desto mehr Wasser verlieren sie. Da Fledermäuse nicht schwimmen und nur mit Schwierigkeiten ein wenig krabbeln, können sie nicht einfach aus einer Pfütze trinken. Wenige Spezialisten unter ihnen schaffen es, aus dem Flug heraus etwas Wasser aufzunehmen. Von nassen Blättern Tropfen abzulecken geht leichter. Also ist für sie der Flug am Tag in trockener Luft recht ungünstig, die Nacht mit ihrer hohen Luftfeuchte ist besser. Zudem sind aus gleichen Gründen nachts viel mehr Schmetterlinge und andere Insekten unterwegs. Allerdings sind diese Flieger in der Dunkelheit nicht oder so schlecht zu sehen, dass eine gezielte Jagd nach ihnen mehr Energie kosten als einbringen würde. Zusammenstöße mit Hindernissen kämen hinzu. Die fernen Vorfahren der Fledermäuse meisterten diese Problematik mit der Entwicklung der Ultraschallorientierung. Diese liefert anstelle des optischen Sehens sehr genaue ›Hörbilder‹. Aber der Flug mit häutigen Flügeln und die Sonarpeilung kosten ebenfalls viel Energie. Die Körpertemperatur muss hoch sein, damit die Muskeln liefern können, was sie zu leisten haben. Kleine Singvögel haben aufgrund der Anforderungen des Fluges Innentemperaturen, die hart an der Todesgrenze liegen, über 42 Grad, ja bis über 43 Grad Celsius. Ruhen sie, bleibt ihr Körper in ein Daunenkleid wärmender Federn eingepackt. Die Fledermäuse verfügen über kein solches, müssen im Flug aber viel Energie verausgaben. Ihre Lösung besteht im starken Wechsel der Körpertemperatur von hohen Werten im Flug bis zur Quasitotenstarre mit nur wenig über 0 Grad. Wie bei den ›heißblütigen‹ Vögeln kommt zur Gefahr des Todes durch Überhitzung jedoch auch das Risiko des Erfrierens hinzu, wenn die Umgebungstemperatur unter Null absinkt. Die Vögel regulieren mit isolierendem Federkleid und einem äußerst effizienten inneren Kühlsystem über Luftsäcke, die Fledermäuse müssen nachheizen, wenn es ihnen zu kalt zu werden droht. Woraus sich ergibt, dass sie entweder gleich oder später erfrieren, sobald die Fettvorräte aufgebraucht sind. Die Lösung bieten wenige, oft sehr weit auseinanderliegende Orte in der Natur: Höhlen, die den Anforderungen entsprechend temperiert sind. Karsthöhlen eignen sich am besten, weil sie durch Wasserströme im Fels entstanden sind und somit die günstige Luftfeuchte aufweisen. Baumhöhlen mit dem richtigen Mikroklima standen gewiss mehr zur Auswahl, als noch Urwald die Landschaften bedeckte. Richtig häufig waren sie aber nie. Zudem konkurrieren andere Höhlenbewohner mit den Fledermäusen um Baumhöhlen, wie Vögel, Wespen und Hornissen oder Siebenschläfer. Manche Fledermausarten mussten sich den Sommer über mit irgendwelchen Spalten an Baumstämmen oder am Fels begnügen, die einigermaßen Schutz boten. Für den Nachwuchs suchten die Weibchen für die Unterbringung in einem weiten Umkreis dann sogenannte Wochenstuben auf, in denen sie ihre Jungen gebären und wo diese bleiben, wenn die Mütter nachts auf Insektenjagd fliegen. Zur Überwinterung waren – und sind für manche Arten der Fledermäuse immer noch – Hunderte bis Tausende Kilometer weite Wanderungen nötig; Fernwanderungen, wie sie auch die Zugvögel durchführen.

Die Lage änderte sich für die Fledermäuse, als die Menschen anfingen, nicht bloß vergängliche Hütten, sondern große Häuser mit geräumigen Dachgeschossen und großen Kellern zu bauen. Als besonders günstig stellten sich Kirchen mit ihren Türmen heraus. Ein Höhlenangebot sondergleichen entstand. Keller wurden gezielt so gebaut, dass in ihnen möglichst feuchtkühle Atmosphäre ohne Frost herrschte und sich keine Nässe niederschlug. Ein besseres Tages- oder auch ein Winterquartier für Fledermäuse hätte die über alle nötigen Kenntnisse verfügende Wissenschaft kaum entwerfen können. Auch für Kriegszeiten gedachte unterirdische Bunker und Bergwerksstollen wurden gesuchte Fledermausquartiere. Solange die Technik nicht weit genug fortgeschritten war, diese unterirdischen Anlagen trocken zu halten oder gar zu heizen, waren sie einfach optimal für die Fledermäuse. Vom Krieg profitierten sie mehr als jede andere Tiergruppe. Denn die eingeschränkten landwirtschaftlichen Produktionsformen in Kriegszeiten begünstigten die Entwicklung von Insekten: von Schmetterlingen, kleinen Käfern, Fliegen und Mücken, die nachts herumschwärmten. Diese zweite Seite der Entwicklung über die Jahrhunderte war für die Fledermäuse ähnlich wichtig wie die Verfügbarkeit geeigneter Quartiere: Die Ausweitung bäuerlicher Landwirtschaft ließ den Insektenreichtum über den offenen Fluren stark anwachsen. Im 19. Jahrhundert dürfte

Kleiner Abendsegler
Nyctalus leisleri

der Höhepunkt erreicht worden sein. Das ist ablesbar an den aus dieser Zeit stammenden Angaben zu Vorkommen und Häufigkeit von Schmetterlingen. Mit der Erfindung von Kühlschränken und Kühlkammern nahm vor allem ab Mitte des 20. Jahrhunderts die menschliche Nutzung von Felsen- oder Böschungskellern ab. Der Bergbau wurde modernisiert und gegen Ende des 20. Jahrhunderts bei uns weitgehend eingestellt. Inzwischen hatte aber auch die moderne, Agrochemikalien in großem Umfang nutzende Landwirtschaft den Insektenreichtum auf den Fluren bereits drastisch reduziert. Aus den Glockentürmen der Dörfer schwärmten abends und in den frühen Nachtstunden immer weniger und bald gar keine Fledermäuse mehr aus. Was ihnen blieb, das waren und sind die Großstädte.

In Berlin kommen aus sehr gut nachvollziehbaren Gründen nahezu alle Arten von Fledermäusen vor, die es überhaupt in Deutschland gibt. Die meisten leben in guten, aus Sicht des Artenschutzes gesicherten Beständen. Nur werden sie kaum gesehen, wenn sie zum Insektenfang über der Metropole ausschwärmen, die mit ihren Wäldern, Parkanlagen und ihrem ungenutzten Gelände weit mehr nachtaktive Insekten bietet als die moderne Agrarlandschaft. Das gilt, wie schon betont, für alle Großstädte. Deshalb liegt in ihnen die Zukunft eines Großteils der Fledermäuse in der Kulturlandschaft. Die Städte haben nur eine, ihnen allerdings weit überlegene Konkurrenz: die großen militärischen Übungsgebiete. Über solchen wimmelt es sommers geradezu von den kleinen ›UFOs‹, die dort unbehelligt Insekten jagen dürfen, welche ihnen nicht weggespritzt und vergiftet werden. Die Stollen und Bunker, die angelegt sind, nutzen die Fledermäuse mit, wenn das Raumklima stimmt. So nimmt es nicht wunder, dass sich eines der größten Vorkommen der Großen Hufeisennase in Bayern auf den Übungsplätzen Grafenwöhr und Hohenfels in der nördlichen Oberpfalz befindet. Wahrscheinlich ist es sogar das bedeutendste. Auch auf anderen Truppenübungsplätzen leben seltene Fledermäuse. Sie können also durchaus zurechtkommen mit der Menschenwelt, diese seltsamen, mitunter sogar noch abergläubisch gefürchteten Fledermäuse. Es stimmt zuversichtlich, dass ihre Zukunft in den Großstädten gesichert ist, für einen Teil ihres Artenspektrums zumindest. Sollten Sie eine Zwergfledermaus hinter Ihrem Fensterladen oder im Schrebergartenhäuschen finden, lassen Sie die Kleine und drehen den Laden zurück in die Stellung an der Wand. Sie ist ein Wunder an Leben.

Haussperling und Schwalben

Auch die Hauptstadt der Spatzen ist Berlin. In keiner anderen mitteleuropäischen Großstadt gibt es noch so viele Haussperlinge. Musste der Spatz auf ganz Deutschland bezogen bereits vor fünfzehn Jahren in die sogenannte Vorwarnliste aufgenommen werden, weil seine Bestände landauf, landab stark abnahmen und vielerorts ganz verschwanden, so hielten sich in der Hauptstadt ganz locker eine Viertelmillion als Brutbestand und stockten den Gesamtbestand auf eine halbe Million und mehr auf. Dass es den Spatzen in Berlin so gut geht, muss an den Berlinern liegen. Denn in München, das sich selbst gern als Weltstadt mit Herz anpreist, fehlt das Herz für den Spatz; vom (bayerischen) Land ganz zu schweigen. Das Verschwinden der Spatzen, die wie alle Singvögel gemäß der europäischen Vogelschutzrichtlinie umfassenden Schutz genießen, verstört die Vogelschützer und irritiert die Ornithologen, die den Grund hierfür herausbekommen möchten. Dürfte ihm, dem buchstäblich als Allerweltsvogel zu bezeichnenden Haussperling, aufgrund dieses Schutzes doch kein Federchen mehr gekrümmt werden. Und sollten die Spatzen Federn verlieren, was bei der Mauser naturgemäß geschieht, so ist eine naturschutzrechtliche Ausnahmegenehmigung nötig, um solche Spatzenfedern aufheben oder gar mitnehmen zu dürfen. Sollte es bei so viel Schutz vor Spatzen nicht geradezu wimmeln? Und müssten von Landwirten nicht jede Menge Schäden reklamiert werden, die von den findigen Vögelchen herrühren, welche zu beginnender Reifezeit von Weizen und Mais auf die Felder fliegen und sich die süßen, milchreifen Körner schmecken lassen? Was ja in Afrika durchaus geschieht, wenn die Riesenschwärme der spatzenähnlichen Blutschnabelweber über die Hirsefelder herfallen.

Nun, wer den Berliner Spatzen zuschaut, wird an ihrer Lebenstüchtigkeit nicht zweifeln. Tschilpend und immer munter suchen sie an den Straße, in Gärten und Parkanlagen und überhaupt überall dort herum, wo der Boden zugänglich ist. Hohen, dichten Bewuchs mögen sie nicht. Asphalt schätzen sie allenfalls als Landebahn beim Anflug. Der nicht geteerte oder gepflasterte offene Boden zieht sie an. Aus gutem Grund. Die Haussperlinge stammten ursprünglich aus halbwüstenartigen Regionen Vorder- und Zentralasiens, so weit sich das rekonstruieren lässt. Denn sehr früh schon, wahrscheinlich seit Beginn des Sesshaftwerdens der Menschen, schlossen sie sich diesen an und wurden Kulturfolger. Sie benutzten Gebäude als Nistplätze, tummelten sich auf den Wegen und Höfen, machten Ausflüge zu den kleinen, in der Umgebung der Ansiedlungen angelegten Getreidefeldern und vergaßen irgendwann ihr ursprüngliches Leben in der freien Natur. Als Wüstenvögel ziehen sie ein Staubbad dem Wasserbad vor, das sie dennoch auch schätzen. Denn findig, wie sie sind, erkannten sie bald das Angenehme eines Bades in der Regenpfütze oder, den heutigen Lebensstandards der Menschen entsprechender, im Vogelbad im Garten. Die ›unordentlichen Spatzennester‹ passten zur ursprünglichen Wohnweise der Menschen und ihrer ausgeprägten Neigung, Abfall zu erzeugen, aber nicht ordentlich zu entsorgen.

Gut möglich, dass Berlin auch mit seinen vielen offenen, sandigen Bodenflächen und seinem kontinentalen Klima zum Spatzen-Eldorado wurde, denn hier ist es weit trockener als in den Großstädten im Süden, Westen und Norden Deutschlands. In den Halbwüsten Vorder- und Zentralasiens, der alten Heimat der Spatzen, wird es im Winter bitterkalt. Vielleicht geben die Berliner Nachtigallen einen weiteren Hinweis in Richtung auf das Klima, gilt doch Berlin ebenso als Hauptstadt der Nachtigallen. Sie brauchen viel offenen Boden, auf dem sie wie verkleinerte Versionen von Amseln umherlaufen und nach Nahrung suchen können. Dafür reicht ihnen ein dichteres Gebüsch auf einer Verkehrsinsel, und sie schmettern mit ihrem Schluchzen herzerweichend gegen den Straßenlärm an. In München gibt es im Kontrast dazu nicht einmal in den berühmten Parkanlagen von Schloss Nymphenburg oder dem Englischen Garten Nachtigallen. Wo deren Bestände abnehmen, geht es auch den Spatzen nicht gut und umgekehrt. Auf die als Vogeljäger viel geschmähten und nicht wenigen Vogelschützern verhassten Katzen, die frei laufen und zum Spaß arme Vögel fangen dürfen, kommt es also gar nicht so sehr an. Dennoch besteht neben Aussehen und Virtuosität im Gesang ein gewaltiger Unterschied zwischen Nachtigallen und Spatzen. Die Nachtigallen nutzen vor allem Gärten und Anlagen und profitieren mehr oder minder stark von deren Pflege, während die Spatzen viel enger in geradezu geheimnisvoller Weise an die Menschen gebunden sind. Wo diese ein Dorf verlassen oder aufgeben

Haussperling
Passer domesticus

müssen, verschwinden auch die Haussperlinge. Sie können nur leben, wo sich Menschen dauerhaft angesiedelt haben. Das gilt global. Spatzen wurden nach Amerika, Afrika und Australien sowie auf viele Inseln gebracht. Gegenwärtig sind sie die vielleicht häufigste Vogelart überhaupt. Und die anpassungsfähigste. Als im Ruhrgebiet der Kohleabbau in tiefen Flözen noch auf Hochtouren lief, folgten Spatzen den Kumpeln mit den Fahrstühlen unter Tage und führten ein Leben, das für Vögel wahrlich eigenartig war. Futter erhielten sie von den Bergleuten, Plätze zum Nisten fanden sie in den Stollen, und ihre Jungen sahen über zahlreiche Generationen nie den Himmel. Es gab nur Kunstlicht für sie. Und wenn es schlagende Wetter, also Gasausbrüche gab, starben sie und warnten mit ihrem Tod die Bergleute vor der Gefahr weit besser als die in Käfigen gehaltenen Kanarienvögel, die auch lebende Alarmanlage sein sollten.

Eine so enge Verbindung mit den Menschen rührt das Gemüt. Sollte sie den Spatzen in für sie ungünstigeren Zeiten nicht zugutekommen? Aktionen wie »Ein Platz für den Spatz« bieten Ersatzwohnungen für den Verlust von Nistmöglichkeiten an, wenn Gebäude saniert, modernisiert oder in Glasfassaden eingehüllt werden. Wenn die Entwicklung in der Stadt – von Berlin abgesehen – für den Spatz nicht gerade rosig aussieht, so gilt das erst recht für das Land. Ihr Vetter, der nicht so eng an die Menschen gebundene Feldsperling, verließ vielerorts die Fluren und versuchte, einen Teil des von den Haussperlingen geräumten Territoriums zu übernehmen. Die Feldsperlinge tragen einen kennzeichnend schwarzen Wangenfleck. Sie nisten in Baumhöhlen und Nistkästen durchaus einzeln, während die Haussperlinge das Alleinsein scheuen und möglichst immer, auch in der Zeit des Nistens und der Versorgung der Jungen, in lockerer Gruppe zusammenbleiben.

Nistplatz- und Nahrungsmangel, so können wir zusammenfassen, sind die beiden Kernprobleme fürs Überleben der Spatzen. Der Befund ist bekannt und wird regelmäßig in Zeitungsartikeln, Informationsbroschüren und Expertenwarnungen kundgetan. Doch die horizontale wie vertikale Versiegelung unseres gemeinsamen Lebensraumes schreitet fort.

Betroffen davon sind auch die Schwalben, die es einst ähnlich wie die Spatzen zu den Menschen hingezogen hatte.

Bei der im Inneren von Gebäuden nistenden Rauchschwalbe (ein Name, der in die Irre führt, denn mit ›Rauch‹ hat sie nichts zu tun – viel treffender ist da die englische Bezeichnung ›Stallschwalbe‹) ist ähnlich wie beim Haussperling nicht so ganz klar, wo sie vor der Begegnung mit dem Menschen ursprünglich lebte und nistete. Sicherlich in irgendwelchen Felshöhlen. Ihr Nestbau ist darauf ausgerichtet. Mit feuchtklebrigen Lehmkügelchen wird es an der Wand schräg napfförmig so unter die Decke gebaut, dass die groß gewordenen Jungen aus einem Schlitz heraus möglichst alle nebeneinander ihre Schnäbelchen aufreißen und damit ihren Hunger kundtun können. Die kleinere, nur an Außenwänden nistende Mehlschwalbe fertigt hingegen ein geschlossenes Nest mit einem runden Einflugloch. Aber auch dieses Nest wird an Wände angeklebt und gibt damit einen Hinweis auf früheres Nisten im Fels. Verwandte Arten beider Schwalbenarten tun dies in subtropischen und tropischen Regionen nach wie vor, sodass wir zumindest eine grobe Vorstellung davon haben, wie die Schwalben einst lebten, bevor es Häuser und Dörfer gab. Dass Ställe den Schwalben seit Jahrtausenden ein qualitativ erheblich besseres Höhlenleben ermöglichen, liegt auf der Hand, findet sich in ihnen doch oft auch noch das liebe Vieh. Und mit diesem eine Fülle von Fliegen, auf die die Schwalben fliegen. Dass sich gleich zwei Schwalbenarten auf die Nutzung von Gebäuden und Ställen verlegt hatten und das ursprüngliche Leben weitestgehend (Mehlschwalbe) bis so gut wie ganz (Rauchschwalbe) aufgaben, beweist hinlänglich, um wie viel besser das neue, von Menschen geschaffene Milieu gewesen sein musste. Die Möglichkeiten, an und in Gebäuden zu nisten, ergänzte die Neuschaffung von Weideland in Regionen, in denen es von Natur aus nur mehr oder weniger geschlossenen Wald geben würde. Fast ganz Deutschland wäre schwalbenloses Waldland, wären vor rund fünf Jahrtausenden nicht die Ackerbauern aus dem Südosten mit ihrem Vieh eingewandert. Ackerbau und Viehzucht veränderten die Natur bis ins Hochgebirge und an die Meeresküsten in großem Maßstab. Almen sind ebenso Menschenwerk wie die Marschwiesen am Meer und all das lichterfüllte Offenland, das wir Flur nennen. Spatzen und Schwalben passen gut zusammen, weil sie stellvertretend für viele andere, weniger bekannte Tiere die entscheidenden Verschiebungen charakterisieren, die in der Natur mit Ackerbau und Viehzucht stattgefunden hatten. Der Ackerbau liefert(e) Getreide- und Unkrautkörner in vorher nicht einmal in den natürlicherweise produktivsten Steppen vorhandenen Mengen, die Viehzucht aber Fliegen und andere Insekten. Und da die Spatzen beides nutzen können,

Rauchschwalbe
Hirundo rustica

die Körner, die für sie so ergiebig sind wie für uns der Weizen, und die Insekten, mit denen sie ihre Jungen füttern müssen, bis sie harte Körner vertragen, wurden sie zum engsten Kulturfolger aus der ganzen Vogelwelt. Besonders stark war die Verbindung der Spatzen mit den Hühnern, die im Garten oder auf dem Hof frei laufen durften, und mit den Pferden. Der Pferdemist enthielt noch viele unverdaute (Hafer-)Körner. Pferde hatten auf dem Land die Geräte und die Wägen zu ziehen, die bei der Bewirtschaftung der Fluren eingesetzt wurden, und in den Städten die Droschken. Mit dem Niedergang dieser Form von Pferdehaltung und dem weitgehenden Verschwinden der Hühner vom Hof setzte der Rückgang der Spatzen ein. Wo es die Pferdedroschken noch gibt, werden die Pferdeäpfel, die sie auf den Straßen in der Stadt hinterlassen, rasch entfernt. Die letzten kleinen Spatzenparadiese sind nun die Reiterhöfe. Auch die Schwalben profitierten von den Insekten der früheren Viehhaltung. Seit Stallviehhaltung und intensivste Bewirtschaftung des Grünlandes die Insektenhäufigkeit drastisch vermindern, geht es auch den Schwalben schlecht. Ihre Bestände schrumpften noch weit stärker als die der Spatzen. Die einstigen Glücksbringer verschwinden. Bald gibt es mehr falsche Schwalben im Fußball als echte in den Dörfern.

Fliege

Sie kam einfach, die Stubenfliege *Musca domestica*. Ihre Benennung passt in doppelter Weise nicht. Erstens zieht sie Küche und Stall der guten Stube allemal vor: In diese verirrt sie sich höchstens hinein und versucht dann auch meist durch die Fensterscheiben wieder zu entkommen. Zweitens wurde sie auch nicht domestiziert, wie das ihr wissenschaftlicher Artname nahelegt. Ihr lateinischer Gattungsname *Musca* hängt übers Spanische mit Moskito zusammen, was kleine Fliege bedeutet und auf eine falsche Fährte führt. Denn sie ist kein großer blutsaugender Moskito. Sie sticht nicht, sondern betupft mit ihrem flachen, kissenartigen ›Rüssel‹, was ihr prüfenswert erscheint, und putzt sich danach häufig höchst intensiv. Dass sie dennoch einen schlechten Ruf hat, liegt teilweise an Vorurteilen, aber auch an ihrer weitläufigen Verwandtschaft. An ›Fliegen‹ gibt es nämlich dermaßen viele und schwierig zu unterscheidende Arten, dass nur wenige Spezialisten in der Lage sind, sie richtig zu bestimmen; nach gegenwärtigem Kenntnisstand jeweils, versteht sich, denn manch sicher geglaubtes Wissen über Fliegen erweist sich bei noch genauerer Nachforschung als unsicher, oberflächlich und revisionsbedürftig.

Dass Fliegenforschung zu skurrilem Verhalten führen kann, erlebte ich im Kollegenkreis, als der Fliegenspezialist des Instituts plötzlich übergangsweise die Funktion des Direktors übernehmen musste. Diese reichlich forschungsfremde Aufgabe brachte ihn völlig aus dem Rhythmus seiner Untersuchungen, welche Fliegenarten zu welchen Tages- und Jahreszeiten die Häufchen von Hundekot aufsuchen, die in der Stadt hinterlassen werden. Sehr geknickt, wie erdrückt von der Last, Direktor zu sein, schlich er umher, vermisste seine Fliegenforschung, für die er nun keine Zeit mehr hatte, und beklagte sein Schicksal. Wie sich in seinen Untersuchungen gezeigt hatte, war in der Stadt die echte Stubenfliege am Hundekot nahezu nicht anzutreffen. Als Überträgerin von Krankheitskeimen ist sie zwar auch nicht auszuschließen, zumal wenn die Menschen selbst unsaubere Wunden haben oder solche bei den Haustieren nicht sachgerecht behandelt werden. Da fliegt unsere *Musca domestica* schon mal hin und nippt an den Absonderungen. Was dabei an den Läppchen der Beine haften bleibt, mit denen sie sich an allen möglichen Flächen festhalten kann, auch an Zimmerdecke und Glasscheiben, könnte infektiöse Keime übertragen. Könnte, muss aber nicht, so man sich selbst sauber hält und das Fleisch brät, über das vielleicht die Fliegen gelaufen sind. Wäre dem nicht so, dürfte es in weiten Regionen der Welt, zumal in den Subtropen und Tropen, keine Fleisch essenden Menschen mehr geben, so schwarz vor Fliegen ist dieses, wenn es am Markt offen feilgeboten wird. Bis ins erste Jahrzehnt nach dem Zweiten Weltkrieg, mitunter bis in die Sechzigerjahre, war es durchaus nicht ungewöhnlich, dass auch bei uns in Deutschland in Dorfmetzgereien das Fleisch frei an Haken hing. Die Fliegen inspizierten es genau. Am Ausmaß ihrer Bevorzugung ließ sich erkennen, welches Stück Rindfleisch schon gut abgehangen und welches noch zu frisch war, weil von zu wenigen Fliegen aufgesucht. Dass es nicht zu viele solcher Fleischprüfer wurden, dafür sorgte, wie ich es in meiner Jugendzeit in Niederbayern erlebte, das Rauchschwalbenpaar, das im Eingang zur Metzgerei nistete. Und Fliegen fing.

Diese Verhältnisse waren zwar nach damaligen Vorstellungen von Hygiene auch nicht so ganz in Ordnung. Aber man bemühte sich um Schwalben und Fliegen, Fleisch und Sauberkeit, wie an der Zeitung zu sehen war, die auf dem Fußboden unter dem Nest, das auf dem Schirm der Hängelampe erbaut worden war, als Doppelblatt aufgeschlagen ausgelegt war. Sie stammte jeweils vom Vortag, wie man lesen konnte, war also durchaus ›frisch‹. Mit den spiralig von der Decke hängenden, honiggelben Fliegenfängern allein war den Fliegen in der Metzgerei nicht beizukommen. Die Fleischgerüche erwiesen sich als attraktiver. In der Küche erzielten die klebrigen Spiralen bessere Fangerfolge, in bäuerlichen rasch so gute, dass sie bald schwarz waren. Genauer hinsehen sollte man allerdings nicht, weil sich die an Beinen oder Flügeln festgeklebten Tierchen noch lange zu bewegen versuchten.

Doch woher kamen sie eigentlich, und warum sind sie inzwischen so selten, dass Spezialisten meinen, es gäbe kaum noch echte Stubenfliegen? Hauptquelle war der Misthaufen, der auf dem Hof meistens so angelegt war, dass man mit der Mistkarre nicht zu weit fahren musste. Dieser nahrhafte, durch das Stroh auch gut durchlüftete Stallmist war die Brutstätte der Fliegen. Er stank ungleich weniger als die Gülle und war daher in unmittelbarer Nähe der Wohnhäuser zu ertragen. Die Fliegenweibchen legen ihre hundertfünfzig bis über dreihundert Eier am Mist ab. Dank der Wärme, die bei den Vorgängen der Zersetzung frei wird, und der vorhandenen Feuchte entwickeln sich die Eier und dann auch die weißlichen, fußlosen Maden in diesem für sie bestens geeigneten Nahrungsbrei recht schnell. Typisch für Fliegen verpuppen sie sich oberflächennah in schwarzbraunen Tönnchen. Daraus schlüpfen sodann die Fliegen, oft schon nach nur zwei Wochen Gesamtentwicklungszeit. Eine Woche bis etwa einen Monat können sie alt werden, so sie nicht vorzeitig erschlagen oder gefressen werden. Das Spektrum der Feinde reicht von den Schwalben, welche sie auch gern an ihre Jungen verfüttern, und anderen Vögeln, wie den Fliegenschnäppern, bis zu Spinnen, in deren Netze sie geraten. Menschen erschlagen sie, aber das tun auch Pferde mit Peitschenhieben ihrer Schwänze, denen die Fliegen weniger leicht ausweichen können als unserer Hand oder der Fliegenklatsche, weil das Rosshaar diffus zuschlägt und keine scharfen Konturen im Gesichtsfeld der Fliegen erzeugt. Mit ihren aus Hunderten von Einzelaugen zusammengesetzten Komplexaugen sehen sie Bewegungen viel besser und können schneller darauf reagieren als wir Menschen. Für die Fliege sind wir langsame, unförmige Gebilde, die für ihre Füße (auf denen sie die entsprechenden Sinnesorgane haben) nicht annähernd so gut riechen bzw. so attraktiv schmecken wie die Kühe oder die Pferde. Ohne diese, ohne die Haustierhaltung, hätten sich die Fliegen den Menschen sicherlich nicht annähernd so eng angeschlossen und wären in ihrer Lebensweise auch nicht so stark von uns abhängig geworden. Fast alles, was wir Menschen verzehren oder was an Abfällen vom Verzehr übrig bleibt, ist fliegentauglich; nicht selten ist es sogar ›erste Sahne‹ für ihre Larven. Diese brauchen proteinreiche Reststoffe. Ursprünglich waren das wohl Exkremente und Kadaver, aber um diese bemühen sich weitere Spezialisten aus der Welt der Fliegen oder andere Insekten meistens erfolgreicher. Die Konkurrenz ist groß, draußen in der Natur.

Die von Mensch und Vieh hinterlassenen Abfälle und Ausscheidungen waren dem Konkurrenzdruck anderer Fliegenarten weit weniger ausgesetzt und so besonders attraktiv für die wenig spezialisierte Fliege, die auf diese Weise im Lauf der Jahrtausende zur ›domestica‹ wurde. Beim Haus handelt es sich einfach um eine vom Typ her neue und der Menge nach gewaltige Nahrungsquelle, die von

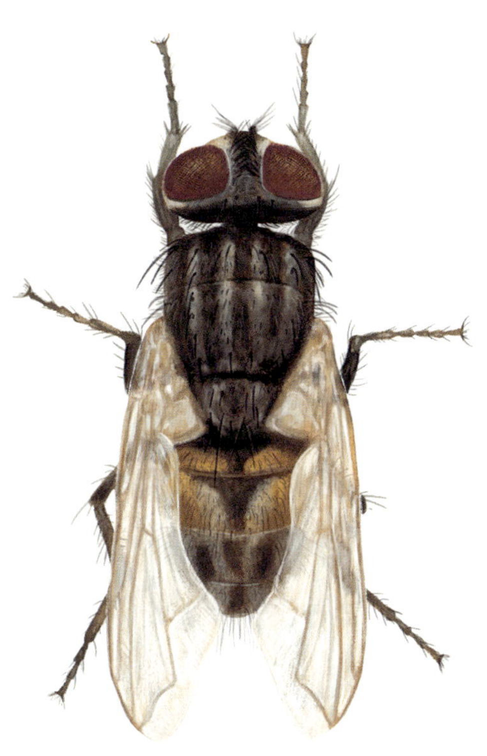

Stubenfliege
Musca domestica

der Stubenfliege genutzt wurde. Sie folgt den Menschen überall hin, wo er mit seinem tierischen Anhang genügend Mist macht. Nur der Winter darf nicht zu lang und zu kalt sein. Wir können davon ausgehen, dass das Eindringen in die Menschenwelt mit dem Sesshaftwerden der Menschen begann. Die Viehhaltung kam der Stubenfliege besonders zugute. Aber auch ihre Verwandtschaft, die Blut saugenden Stechfliegen, profitierte davon. Das erklärt, weshalb ›die Fliegen‹ als Überträger von Krankheiten durchaus zu Recht gefürchtet werden. Dabei geht es auch um solche, die als Infektionskrankheiten nicht nur von Mensch zu Mensch und von Haustier zu Haustier übertragen werden, sondern um von den Tieren auf die Menschen überwechselnde Bakterien oder Viren. Die Fliege ist ›Vektor‹, ist Überträger, so der Fachausdruck. Wo sie nicht an Krankheitskeime kommt, bleibt sie harmlos. In unserer (mitunter zu) sauberen Lebenswelt ist das Risiko sehr gering geworden, dass Stubenfliegen Krankheiten verbreiten. Vielerorts geht es ihnen sogar so schlecht, dass echte Stubenfliegen kaum noch gesichtet werden. Sie sind selten geworden.

Und so rückt ihre nähere und weitere Verwandtschaft in unseren Blick. Die Kleine Stubenfliege *Fannia canicularis* zum Beispiel, die ihr zum Verwechseln ähnlich sieht, auch wenn in einem Fliegenbestimmungsbuch »große Unterschiede im Flügelgeäder« betont werden. Bevor Sie also achtlos die nächste vermeintliche Stubenfliege totschlagen, achten Sie bitte darauf, wie die Adern in den Flügeln ausgebildet sind. Es könnte ja die ›minderwertige‹ (das meint ihr wissenschaftlicher Artname) Kleine Stubenfliege sein. Die ist zwar in Küche und Wohnzimmer nicht minder lästig, und ihre Larven entwickeln sich auch in Küchenabfällen und faulenden organischen Stoffen, aber außer im Haus lebt sie zeitweise im Freien. Dabei schafft sie vier Generationen im Sommerhalbjahr, wobei die Larven der vierten Generation überwintern können und sich dann erst im Frühjahr verpuppen. Vielerorts ist sie weit häufiger als die echte Stubenfliege. Dieser noch ähnlicher sieht die Herbstfliege *Musca autumnalis,* die sich, mitunter in größerer Menge, an besonnten Hauswänden aufwärmt. Lästig wird sie dem Weidevieh, weil sie Augen- und Nasenflüssigkeit aufzutupfen versucht, was die Rinder verständlicherweise ziemlich irritiert. Wer will schon eine Fliege in der Nase haben? Das ist keineswegs nur eine saloppe Formulierung, denn es kann vorkommen, dass die Stubenfliege tatsächlich Eier in die Nasengänge von Weidetieren legt, sodass sich ihre Larven darin entwickeln. Höchst unangenehm sicherlich. Der Stubenfliege zum Verwechseln ähnlich sieht der Wadenstecher *Stomoxys calcitrans.* Wie der Name richtig andeutet, sticht er beim Menschen vornehmlich in Waden oder in die Knöchelgegend der Beine. Aber beim Vieh richten sich seine Angriffe auf den Bauch. Beide Geschlechter, Männchen und Weibchen, saugen Blut. Anders als bei der Stubenfliege ist der Wadenstecher-Rüssel ein stilettartiger Stechapparat ähnlich dem der Bremsen. Diese gehören auch zu den Fliegen. Ihre Larven begnügen sich mit weniger ergiebigen, in Zersetzung begriffenen Pflanzenstoffen im Humus feuchter Böden. Man würde meinen, dass diese Anspruchslosigkeit zu einer Schwemme der Stechfliegen führt, doch meistens wimmelt es dennoch nicht vor Bremsen. Und das hat einen guten Grund: Was die Bremsen aus dem Larvenstadium an Eiweißstoffen mitbekommen haben, reicht für die Ausbildung von Eiern nicht aus. Blut, die beste Nahrung überhaupt, muss wie bei den Stechmücken den Bedarf für die Eibildung ergänzen. Diese Notwendigkeit verlängert gleichsam die Lebenszeit der Bremsen. Sie warten und suchen herum nach unfreiwilligen Blutspendern. Das kann Tage oder Wochen dauern. Bei der Stubenfliege verhält es sich genau umgekehrt. Die Larven entwickeln sich in einem proteinreichen Substrat, das genug Eiweißstoffe für die Ausbildung der Eier in den fertig entwickelten Weibchen enthält. Die geschlüpften Weibchen der Stubenfliege brauchen sich lediglich noch zu paaren. Dazu sind die Männchen allzeit bereit. Danach fliegen sie umher und suchen Abfall oder Mist, den Mensch und Vieh bereitet haben. Dauert diese Suche zu lange, befällt sie im Spätsommer und Herbst ein winziger Pilz. Das Ergebnis sind Dutzende bis Hunderte toter Fliegen auf Fensterbrettern und jede Menge unsichtbarer Pilzsporen, die die nächste Fliegengeneration infizieren werden.

Weitaus lästiger fällt uns die ›Schöne Verwandtschaft‹; die erzgrün glänzenden Kaisergoldfliegen mit dem wissenschaftlichen Namen *Lucilia caesar* und die größeren, massigeren und blau schimmernden Schmeißfliegen der Gattung *Calliphora.* Auf Fleisch sind diese Fliegen tatsächlich ganz besonders scharf. Dieses Interesse teilen sie mit den grauen, sehr borstigen und recht großen Fleischfliegen der Gattung *Sarcophaga.* Das bedeutet Fleischfresser. Klar, dass solche Fliegen bei dem, was es in den Küchen alles so gibt, angezogen werden. Wie die Gebäude aussehen, spielt für die Fliegen keine Rolle. Entscheidend ist, welche Gerüche aus ihnen strömen. Die großen Fliegenaugen liefern dem winzigen Fliegengehirn

Goldfliege
Lucilia sericata

nicht etwa ein besonders scharfes Bild von der Welt, in der sie leben. Sie erfassen Bewegungen, schnelle Bewegungen. Fliegen erreichen über 8, Schmeißfliegen gut 11 Stundenkilometer; Rinderbremsen sind doppelt so schnell. Fliegenflügel schlagen mehrhundertfach in der Sekunde – das Fliegenleben ist vom Tempo bestimmt. Sie reagieren fünfmal schneller als Menschen. Auf Fliegen bezogen entspricht unser Lebenstempo nicht einmal dem von Riesenschildkröten. Viel haben sie mit ihrem flotten Lebensstil erreicht. Es gibt Tausende unterschiedlicher Fliegenarten. Bei uns in Mitteleuropa ermöglicht ihre Artenvielfalt die Bestimmung des Todeszeitpunktes von Leichen, weil verschiedene Arten zu unterschiedlichen Zeiten ankommen und ihre Eier an der Leiche ablegen. Fliegen riechen den kommenden Tod. Dass wir ihnen schließlich mit Sauberkeit und neuartigen Giftstoffen das Leben schwer machen, konnten sie nicht ahnen. Viele Jahrhunderte lang profitierten sie von unserer Unsauberkeit. Und wurden dadurch ›Haustier‹.

Weiter bis zur Massenzucht mit vielerlei Abwandlungen brachte es eine kleine und entfernte Verwandte der Stubenfliege, die Taufliege *Drosophila*. Und zwar als Laborhaustier der Genetiker im 20. Jahrhundert. Myriaden dieser Minifliegen mit dem zarten Aussehen und der Vorliebe für Obst wurden in den zoologischen und genetischen Forschungseinrichtungen gezüchtet, selektiert, speziell miteinander verpaart und in ihre genetischen Bestandteile zerlegt. Den Taufliegen ist es zu verdanken, dass die Natur des Genoms (weitgehend) aufgeklärt werden konnte. Der US-amerikanische Genetiker Thomas Hunt Morgan erhielt für seine Taufliegenforschung 1933 den Nobelpreis. Was beweist, dass Fliegen nicht nur lästig sind. Inzwischen wissen wir aus neuesten Forschungen sogar, dass auch in uns Menschen ein ›gutes Stück Fliege‹ steckt – genetisch gesehen.

Schaben und Motten

Zugegeben, mein persönliches Verhältnis zu Schaben im Haus ist getrübt von unangenehmen Erfahrungen aus meiner Doktorandenzeit am Zoologischen Institut der Universität München. Zeitweise war es zerrüttet. Denn immer wenn ich nach mehreren Tagen Abwesenheit zu Freilanduntersuchungen in mein Arbeitszimmer zurückkam und Schubladen am Schreibtisch aufmachte, wuselten Schaben aller Größen auseinander. Die ausgewachsenen Tiere, die bis über 3 Zentimeter lang werden, sprangen mich manchmal an, einfach weil sie nach allen Seiten auseinanderhüpften, als sie das Licht so plötzlich traf. Dass sie dabei in den im Sommer ziemlich offenen Hemdkragen gerieten und in die deutlich dunklere Schicht zwischen Hemd und Haut zu kriechen versuchten, trieb meine Aversionen auf die Spitze. Am eigenen Körper zerquetschen wollte ich die Biester, die meinem Arbeitsplatz einen ziemlich unangenehmen Geruch verpassten, nun wirklich nicht. Die Schubladen mit meinem Schreibzeug und Kleingeräten dienten offenbar vornehmlich als dunkle Rückzugsorte während des Tages, denn zu fressen gab es darin nichts. Nach Nahrung suchten sie die Nacht über, wie nächtens arbeitende Kollegen und Professoren mitbekamen. Eine Generalreinigung musste das Treiben der Schaben, es handelte sich um die Amerikanische Großschabe *Periplaneta americana,* beenden. Die Aktion war erfolgreich, wie ich erfreut feststellte, nachdem es ein paar Tage Zutrittsverbot gegeben hatte. Womit die Schaben damals ausgerottet wurden, erfuhr ich nie. Noch war es die Zeit des Wundermittels DDT.

Die Amerikanische Großschaben waren ins Institut gekommen, als sie ins Zoologische Praktikum aufgenommen wurden. Sie waren Ersatz für heimische, auch im Sommer nicht immer in den benötigten Mengen verfügbare Insekten. Und sie mussten von den Studierenden als Musterbeispiel für den Körperbau von Insekten zerlegt werden. Als Hilfsassistent hatte ich bei der Präparation nötigenfalls zu helfen, die Schaben bereitzustellen und den Abfall zu entsorgen. Sympathien für die großen, mahagonifarbenen und sehr zähen Schaben entwickelten sich dabei auch nicht. Eigentlich war ich froh, dass es keine ›schönen Insekten‹ waren, die bei den Kursen bearbeitet wurden. Als die Schaben abgeschafft waren, gab es zum Ersatz Wanderheuschrecken. Sie waren insofern sicherer, als eventuell entkommene Exemplare das Institut nicht infizieren konnten. Der Schabenbefall war zweifellos durch irgendwie aus den Zuchten entkommene Tiere entstanden. So flach gebaut, wie sie sind, genügte eine kaum merkliche Spalte zur Flucht in die Freiheit. Mit ihren mehr als körperlangen Fühlern ertasteten sich die Schaben ihre Fluchtwege.

In ihrem wissenschaftlichen Namen ist das *americana* zwar klar, aber geografisch falsch, denn wahrscheinlich stammte diese Großschabe ursprünglich aus Südostasien. Irgendwie war sie nach Amerika gelangt und dort so erfolgreich, dass sie ›Amerikanerin‹ wurde. Die Gattungsbezeichnung *Periplaneta* deuteten wir von ihr genervten Doktoranden als ›um den Planeten herum‹, weil diese Schabe auf ihre Weise vorgemacht hatte, wie Globalisierung geht und was dabei für die Erfolgreichen herausspringt. ›Rundherum platt‹ war tatsächlich gemeint und bei der äußerst flachen Körperform auch ganz zutreffend. Kamen mir diese amerikanisierten Großschaben später in Südamerika unter, konnte es passieren, dass mich die Emotionen packten und ich einen Stiefel nach ihnen warf. Wer das mitbekam, fragte mich allenfalls erstaunt nach dem Sinn meines Wutanfalls, denn bewirken würde die Tötung einer ›cucaracha‹ überhaupt nichts. Diese Biester vermehren sich auch halbtot noch, so die verbreitete Meinung. Von ihren Fühlern nachts abgetastet zu werden, wenn ich in der Hängematte in einer Hütte lag, daran durfte ich vor dem Einschlafen nicht denken. Es hätte mir den Schlaf geraubt. Die ungleich größeren, an den Wänden herumsuchenden Spinnen waren mir lieber, viel lieber. Sie suchten nicht wie die Schaben nach Abfällen, und dass man nach solchen riecht, lässt sich in den feuchten Tropen bei bestem Willen nicht vermeiden.

Als dann Reinhard Mey sein berühmtes Lied von der Küchenschabe sang (»Alles was ich haaabe ...«), entstand sogar ein gewisses Verlangen, mich mit so einer im Vergleich zur Amerikanischen Großschabe netten kleinen Mitbewohnerin näher vertraut zu machen. Es dauerte viele Jahre, bis ich eine bzw. mehrere echte Küchenschaben namens *Blattella germanica* zu sehen bekam. Aus der Nähe betrachtet hatte auch diese Schabe mit Reinhard Meys Lieblingstierchen nichts zu tun, für mich zumindest. Diese Deutschen Schaben wirkten lediglich viel kleiner als die Amerikanische. Ich zog die distanziertere Perspektive der Theorie vor, die im Fall dieses Tierchens besagt, dass Schaben zu den sehr alten und sehr erfolgreichen Insekten gehören. Diversen Forschungsergebnissen zufolge nehmen sie kaum Schaden durch radioaktive Bestrahlung, was in jenen Zeiten des Kalten Krieges zwischen der Sowjetunion und den USA mit atomarer Bedrohung irgendwie tröstliche Aussichten für das Leben insgesamt beinhaltete.

Bei sicherer Haltung in Terrarien lässt sich zudem zu später Stunde an den Schaben viel beobachten; etwa das Balzverhalten, bei dem mit viel Streicheln die Neigung des Weibchens zur Paarung herbeiführt wird; oder das Heranwachsen der Jungen, die nach jeder Häutung immer schabenhafter werden, bis schließlich voll entwickelte Flügel beides anzeigen: Fortpflanzungs- und Fortflugfähigkeit zur Suche nach einem neuen Eldorado für Schaben in Großküchen, Bäckereien und anderen warmen Orten mit reichlich attraktiver Nahrung. Dass sie sogar Krankenhäuser als solche einstufen, spricht wieder sehr gegen die Schaben. Sie verursachen bei massenhaftem Auftreten, das sie dank ihrer Fruchtbarkeit an den neuen Orten schnell erreichen, zwar durchaus hygienische Probleme, die aber nur selten gravierend sind. Daher brauchte ich mich im Nachhinein nicht so sehr darüber zu ärgern, dass man mir, nachdem ich im Sauerkraut, das ich in einer Studentenkneipe zu Würstchen bekam, eine tote Schabe gefunden hatte, die bereits gegessenen Würstchen nicht ersetzte, sondern lediglich eine weitere Portion Sauerkraut anbot. Das waren eben noch Zeiten.

Bei den heutigen Hygienestandards gibt es nur noch selten Schaben als Beilage. Umso größer ist der Aufschrei, werden sie doch wieder einmal in einem Betrieb festgestellt. Denn Schaben sind unausrottbar. Das haben wir längst gelernt. Aber unsere Wohnungen, Produktionsanlagen, Schulen oder Krankenhäuser lassen sich schabenuntauglich gestalten. Das ist der beste Schutz. Inzwischen reagiere ich mit zurückhaltender Freude, wenn ich ein paar der eigentlich verbreiteten, harmlosen, weil nicht in unsere Privatsphäre eindringenden Waldschaben *Ectobius lapponicus* finde. Da sie Distanz zum Menschen gewahrt haben, sind sie allerdings selten geblieben. Ihr Aussterben ist dennoch nicht zu befürchten. Viele Millionen Jahre haben sie erfolgreich hinter sich gebracht. Die kurze Zeit der Menschenwelt, inzwischen halb abwertend, halb bewundernd Anthropozän genannt, überstehen sie sicher auch; ob mit oder ohne ›*americana*‹ dürfte der artenreichen und vielfältigen Schabenwelt ziemlich gleichgültig sein.

Amerikanische Großschabe
Periplaneta americana

Deutlich ernster sieht die Lage für die Motten aus, für die echten Motten, die an Kleider und Pelze oder Teppiche gehen, nicht für die Gesamtheit der kleinen oder der nachts fliegenden Schmetterlinge, die im Englischen einfach *moths* heißen. »Die Kleidermotte *Tineola bisselliella* ist ein Schmetterling aus der Familie der Echten Motten (Tineidae) mit weltweiter Verbreitung«, bringt es *Wikipedia* mit einem Satz auf den Punkt. Dass es ausgerechnet sie, eine der recht kleinen Arten unter den Schmetterlingen, zur Namensführerin der ›Motten‹ gebracht hat, verdient eine nähere Betrachtung, ob mit oder ohne Mottenlöchern im Pullover oder im Teppich. Die Motte, die Echte, ist ein mit geschlossenen Flügeln knapp ein Zentimeter langer, schmaler und etwas bronzefarben glänzender Schmetterling. Die Hauptflugzeiten bilden die späte Dämmerung und die frühen Nachtstunden. Der Flug wirkt unbeholfen schwirrend, bis man versucht, die Motte mit schnellem Griff zu fangen. Dabei erweist sie sich als fast so flüchtig wie die Luft. Sitzt sie irgendwo und läuft, wiederum recht unbeholfen, wie es scheint, ein Stück an der Wand oder an einem Möbelstück, scheiden die Totschlagversuche die Erfahrenen von den Anfängern. Die Erfahrenen versuchen es meistens gar nicht erst. Sie bedienen sich Mottenfängern mit chemischen Lockstoffen. Sind diese voll mit den kleinen Motten, die meistens mit arg verdrehten, glänzenden Flügeln daran kleben, werden ein richtiger und ein oft falscher Schluss daraus gezogen. Der richtige besagt, dass der Befall mit Motten stärker ist als erwartet, weil zunächst doch nur einzelne sichtbar gewesen waren. Der falsche geht davon aus, dass damit das Problem schon erledigt wäre. Denn auf den Leim gehen in weitaus überwiegendem Maße Mottenmännchen und nicht die ungleich schädlicheren Weibchen. Diese schaffen es fast immer, gleich nach ihrem Schlupf aus der Mottenpuppe ein Männchen ihrer Art zur Paarung anzulocken. Danach legen sie die Eier ab und halten so die Option für eine neue erfolgreiche Generation offen, unabhängig davon, ob die meisten Männchen bald am Fangpapier kleben und sie selbst schließlich darauf landen. Ihre Larven sind echte Schmetterlingsraupen, doch so klein, dass ihnen eine Schutzhülle, ein kleiner angefertigter Köcher ihrer Größe im weiteren Leben an Pelzen, Wollkleidung oder anderen Stoffen, die Tierhaare oder Federn enthalten, gute Dienste erweist. An den von ihnen angenagten Stoffen reizt sie das darin enthaltene Keratin. Wolle und Pelze lösen sich nicht einfach mit der Zeit auf, außer durch Mottenbefall. Unsere Haare, die gleichfalls aus Keratin bestehen, halten länger als die meisten Knochen, wenn unser Körper nach dem Tod zersetzt wird. Die Raupen der kleinen Kleidermotte müssen also über eine besondere Fähigkeit zur Nutzung von Keratin verfügen. Symbiotische Mikroben im Darm ermöglichen es ihnen, diesen Stoff, aus dem auch unsere Finger- und Zehennägel sind, zu verdauen. Einzige Einschränkung: Es geht nicht schnell. Aber die Mottenraupen haben Zeit, sich durch die den Sommer über gestapelten Wollsachen zu fressen und darin Mottenlöcher zu hinterlassen. Wenn die Winterkälte die gelagerten Kleidungsstücke wieder in Erinnerung ruft oder die Teppichreinigung doch wieder einmal fällig ist (schließlich stecken auch Hausstaubmilben darin), ist das Entsetzen meist groß.

Zum Lüften und Kühlen bis in die Nacht geöffnete Fenster laden die schwärmenden Motten im Sommer dazu ein nachzusehen, was für ein reichhaltiges Angebot an Wollsachen in diesem oder jenem Haus vorhanden sein mag. Geraten sie in den Bannkreis einer Lampe, die UV-reiches Licht abstrahlt, werden sie sichtbar, denn so ein Licht zieht sie besonders an. Allerdings werden die Räume, wo die Wollsachen lagern, für gewöhnlich nicht gerade mit ›hartem‹, da UV-reichem, weißem Licht erhellt. Für die Motten ist das, im Haus angekommen, umso besser: Gedämpfte, rötlich getönte Schlafzimmerlichtatmosphäre kommt ihrer Suche zugute. Wenn die Kleiderablagen dann noch gut durchgelüftet sind, haben sie beste Bedingungen. Was gegen Mief und Schimmel hilft, freut auch die Motten. Die optimale Lösung für alles oder, besser, gegen alles gibt es im wirklichen Leben nicht. Aber Fortschritte (aus unserer Sicht).

Die Motten reagieren auf einfache Geruchssignale. Die chemischen Signale, ausgehend von den Lockstoffen der Weibchen, leiten die Männchen bei der Suche. Für die Weibchen muss das Mikroklima im Kleiderschrank stimmen. Dafür sorgen, wie schon angedeutet, wir Menschen. Die Schwachstelle liegt nicht bei den Motten als Schmetterlinge, sondern bei ihren Larven, den Mottenraupen. Die Mikroben, die das von den winzigen Kiefern der Raupen geschredderte Keratin aufarbeiten, sind auf eine ganz bestimmte chemische Struktur dieses Eiweißstoffes eingestellt. Würde diese in genügendem Umfang verändert, ohne gleich das Keratin und damit die Wolle, den Pelz oder die Federn zu zerstören, könnten es die Mikroben im Darm der Mottenraupen nicht mehr verwerten. Aus verhungerten Raupen entstehen keine Motten mehr. Mehr noch: Es kann gar kein Anfangsbefall zustande kommen, wenn sich die Pullover, Wolldecken etc. ähnlich wie Synthetik nicht mehr als Raupennahrung eignen. Eine tolle Idee; eine, die

Kleidermotte

Tineola bisselliella

sich verwirklichen ließ. Durch die sogenannte Eulanisierung, bei der das Keratin für die Darmmikroben der Motten chemisch unverdaulich gemacht wird, wurde ein perfekter Schutz erzielt. Vorerst zumindest. Die Eulanisierung funktioniert bereits seit Jahrzehnten. Noch haben die Mikroben in den Mottenlarven es nicht geschafft, sich an die veränderte chemische Struktur des eulanisierten Keratins anzupassen. Mit der Folge, dass Kleidermotten ziemlich selten geworden sind. Was gegenwärtig für ›Motten‹ gehalten wird, sind oft keine Echten Motten mehr, sondern andere mottenartige Schmetterlinge mit ähnlicher Flugaktivität in der späten Dämmerung und den frühen Nachtstunden. Manche sind harmlos, andere sind es nicht, wie etwa die Dörrobstmotten *Plodia interpunctella,* welche die Vorräte von Trockenfrüchten befallen. Unter den Motten im weiteren Sinne gibt es durchaus Spezialisten, die unter Umständen Schäden verursachen können. Kleidermotten sind noch häufig genug, um sie nicht einfach als unbedeutend abtun zu dürfen. Eine andere Mottenart war früher ein rechter Schädling, ist aber gegenwärtig eine echte Rarität. Sie wurde so selten, dass es mir einige Mühe machte, sie richtig zu bestimmen, als mir einmal ein Exemplar begegnete, das ans Licht geflogen kam: Weiß, schneeweiß der Kopf und elfenbeinweiß die äußere Hälfte der den Körper abdeckenden Flügel. Dazwischen, scharf abgesetzt, ein breites, schieferschwarzes Zwischenstück, sodass der kleine Schmetterling höchst markant in drei Stücke unterschiedlicher Größe geteilt erscheint. Der wissenschaftliche Name verrät, worum es sich bei dieser Mottenart handelt. *Trichophaga tapetzella* lautet er, und verliehen hatte ihn bereits der Erfinder der eindeutigen zoologischen und botanischen Benennung, Carl von Linné. *Trichophaga,* der Gattungsname, bedeutet Haarfresser, der Artname *tapetzella* bezieht sich auf die Tapeten. Vor Entwicklung der modernen Sorten von Tapetenleim war der zum Ankleben benutzte, stärkehaltige Kleister das Ziel der Begierde der Raupen dieser Motte. Ursprünglich lebten sie von den Haaren, die mit den Gewöllen von Greifvögeln und Eulen ausgewürgt werden. Längst ist diese Motte als Tapetenschädling so gut wie bedeutungslos und entsprechend selten geworden, dass auch viele Kenner von Kleinschmetterlingen sie nicht mehr auf Anhieb bestimmen können. Sie wird in den meisten Büchern über Kleinschmetterlinge gar nicht behandelt. Vielleicht ist die Kleidermotte inzwischen auf dem Weg zum Status der Tapetenmotte. Was sich über Jahrhunderte hinweg als Raupennahrung als sehr ergiebig erwies, ist in unserer Zeit knapp geworden oder droht ganz zu verschwinden.

Das müsste nicht viel bedeuten, bezögen sich die Feststellungen nur auf die Menschenwelt. Wenn die Motten weiterhin in freier Natur überleben könnten, wäre das für sie doch in Ordnung, weil natürlich. So könnte es sein, gäbe es da nicht die starken Veränderungen in der Vogelwelt. Von den Vogelnestern und Gewöllen existiert nur noch ein Bruchteil früherer Tage. Die Stellen, wo diese aufzufinden sind, rücken durch die Intensivierung der Landbewirtschaftung immer weiter auseinander, die verbleibenden Restvorkommen in der Natur werden immer kleiner. Dass die Tapetenmotte inzwischen weithin eine Seltenheit ist, sollte als ein Signal für eine allgemeinere Entwicklung gewertet werden, nicht als Anlass für die Ausrufung eines Artenhilfsprogramms zu ihrer Rettung. Das würde bei der Kleidermotte ohnehin niemand ernst nehmen. Artenschützer, die das fordern, müssten sich wohl bald anhören, sie hätten selbst ›Motten im Kopf‹. Worauf sie wohl einigermaßen ›angefressen‹ reagieren würden.

Floh, Laus und Wanze

Es gibt Tiere, die für verzichtbar gehalten werden. Zu ihnen gehören der Menschenfloh, die drei Arten von Läusen, die Menschen plagen können, und die Bettwanze. Wäre die Natur wirklich ärmer, wenn es sie nicht (mehr) gäbe? Das bleibt wohl ohnehin eine rhetorische Frage, denn es gibt sie, und es wird sie aller Voraussicht nach auf absehbare Zeit weiter geben. Stehen ihnen doch mehr als sieben Milliarden Menschen – wenn auch unfreiwillig – als Existenzsicherung zur Verfügung. Betrachten wir die Fünf kurz etwas genauer, bevor wir uns mit ihrer Herkunft befassen. Sie fielen ja nicht vom Himmel oder wurden uns auf irgendeine geisterhafte Weise von einer höheren Macht zugeteilt, damit wir etwas zum Kratzen und zum Schimpfen haben.

Beginnen wir mit dem Floh. Er ist dem Namen nach noch allbekannt, wird aber in Europa nur noch selten, in Deutschland fast gar nicht mehr gefangen. Es könnte sein, dass es derzeit bei uns mehr Flöhe in Flohzirkussen als an Mitmenschen gibt. Das war noch bis kurz nach dem Zweiten Weltkrieg anders. Entflohung und Entlausung gehörten zur Wiedereingliederung in die Gesellschaft. Vom Floh wissen wir, dass er sehr gut und recht hoch springen kann. Ein beliebter, gleichwohl irreführender Vergleich ist ein hoher Kirchturm, über den wir hüpfen müssten, wollten wir es dem Floh auf die Körpergröße bezogen gleichtun. Dass der Vergleich mehr als hinkend ist, soll hier nicht weiter stören; die in der Analogie verbildlichte Sprungkraft weist vielmehr darauf hin, dass der ›Trägerwechsel‹, den wir auch Wirtswechsel nennen könnten, im Flohleben offensichtlich wichtig ist. Sonst würde der Floh wie die noch zu charakterisierende Laus an uns haften bleiben. Flöhe sind hoch und schmal gebaut. Diese Eigenschaft weist darauf hin, dass sich ihr Leben erst nachträglich mit dem von uns Menschen verbunden hat. Denn gerade da, wo so ein flach-keilförmiger Körper gut eindringen könnte, nämlich ins Kopfhaar, zieht es die Flöhe nicht hin, sondern die Läuse. Dies und einige weitere Merkmale, die hier nicht behandelt werden sollen, bringen klar zum Ausdruck, dass der Floh aus dem Fell anderer Säugetiere zu uns gekommen ist. Vom Fuchs vielleicht und anderen Säugetieren mit ähnlicher Körpergröße, so wurde angenommen, und zwar zu Zeiten des Höhlenlebens, als die Menschen in den außertropischen Regionen, in die sie eingewandert waren, zwangsläufig anfangen mussten, sich mit Tierfellen vor der Kälte zu schützen. Für die Flöhe als gute Hüpfer sollte es leicht gewesen sein überzuspringen. Sehr drastisch erlebte ich dies, als ich meiner kleinen Tochter ein Igelnest im Garten zeigte. Sie streckte ihr Köpfchen so nahe an die Anhäufung aus Blättern und Halmen in einem Bambusdickicht, dass die Flöhe ihre Wärme spürten. Im Nu sprangen Hunderte über, und sie hatte den Kopf voll mit Igelflöhen und ich mit dem Fangen zu tun. Doch so sehr wir Menschen uns als ergiebige Blutquelle für die Flöhe eignen, so sind und bleiben sie doch auf etwas anderes angewiesen, das irgendwie ans alte Höhlenleben erinnert. Sie, genauer die Flohweibchen, brauchen feuchten organischen Schmutz, in den sie ihre Eier ablegen können. Darin entwickeln sich die Flohlarven. Das uns abgezapfte Blut brauchen die fertig entwickelten Flohweibchen. Aus dieser Nahrung entnehmen sie die Eiweißstoffe, die sie für die Bildung eigener Eier benötigen. Denn die Flohlarven im Schmutz bekommen zu wenige Proteine hierfür ab, um sie ins Stadium des erwachsenen Flohs weitertragen zu können. Holzböden in den Schlafräumen mit offenen Spalten zwischen den Brettern boten in Häusern ähnlich günstige Bedingungen für die Flohlarven wie die vielen Ecken und Nischen in den Höhlen der Eiszeitmenschen. Seit die Zimmerböden dichtgemacht sind und regelmäßig gesäubert und trocken gehalten werden, sieht es schlecht aus für sie. Mancher Floh, den wir mitunter vom Hund, seltener von der Katze oder vom Igel abbekommen, stellt nicht nur fest, dass der neue Wirt nicht so viel taugt, sondern vertrocknet gar auf der Suche nach einem Platz für die Eiablage in der peinlich sauber gehaltenen Wohnung. In solchen Wohnstätten plagen Flöhe auch den Hund nicht sonderlich. Es fehlt die Möglichkeit zur Fortpflanzung. Und so sind sie rar geworden, die kleinen Hüpfer, die so schreckliche Krankheiten übertragen können wie das Fleckfieber und, im Fall des Rattenflohs, auch die Pest. Ob auch Menschenflöhe bei der Ausbreitung der Pest beteiligt waren, ist umstritten. Denn da gibt es ein Problem besonderer Art. Forschen wir nämlich nach der Herkunft des Menschenflohs, so werden wir mit erstaunlichen Feststellungen konfrontiert. Unsere biologisch nächsten Verwandten, die Schimpansen, Goril-

Menschenfloh
Pulex irritans

las und die anderen Menschenaffen, haben nämlich keine Flöhe. Es gibt auch kaum gesicherte Nachweise von Flohbefall der Menschen aus längst vergangenen Zeiten. Einige Befunde deuten erstaunlicherweise darauf hin, dass der als Menschenfloh bezeichnete Floh vom Meerschweinchen stammt und auf den neuen Wirt wechselte, als der Nager in Südamerika halb domestiziert gehalten wurde. Seltsam genug, aber immerhin mit einem Haustier als Bindeglied verknüpft. Zudem sind auch alle dem Menschenfloh nächstverwandten Flöhe Amerikaner, die altweltliche Flohwelt steht ihm ferner. Also scheint dieser erst mit oder nach Kolumbus nach Europa gelangt zu sein. Nun weisen aber Funde aus der Späteiszeit, Jahrtausende früher, bereits auf Flohvorkommen in der Alten Welt hin. Sie geben uns Rätsel auf, die Flöhe, und wenn uns einer stechen sollte, handelt es sich in weiten Teilen Europas inzwischen eher um einen Hunde- oder Katzenfloh als um einen Menschenfloh. Denn es gibt viele verschiedene Arten von Flöhen.

Betrachten wir daher den zweiten Bewohner unseres Körpers, die Laus. Bei dieser haben wir es gleich mit drei verschiedenen Arten zu tun, die sich äußerlich wenig voneinander unterscheiden, aber eine klare Wahl getroffen haben, wo sie an uns leben wollen: Die Kopflaus *Pediculus (humanus) capitis*, die Scham- oder Filzlaus *Phthirus pubis* und die Kleiderlaus *Pediculus (humanus) humanus*. Letztere zieht sich zwar in die Kleidung zurück, wenn sie beim Saugen am Körper gestört wird, lebt aber sonst sehr ähnlich wie die Kopflaus. Ob beide zwei wirklich unterschiedliche Arten sind oder nur sogenannte Ökotypen, ist umstritten, aber nicht so wesentlich. Nah verwandt sind sie auf jeden Fall miteinander und auch mit der Laus der Schimpansen *Pediculus schaeffi*. Diese Laus hatte noch vor gut fünfeinhalb Millionen Jahren mit Kopf- und Kleiderlaus gemeinsame Vorfahren. Damals fingen Schimpansen und Vormenschen an, getrennte Wege zu gehen. Die Läuse nahmen sie mit. Die Kleiderlaus muss demnach von der Kopflaus abstammen, weil diese typischerweise im Haar lebt und ihr Körperbau, mit Hakenkrallen an den Beinen, zum Festhalten darauf eingerichtet ist. Zur Aufspaltung in zwei Unterarten oder Arten kam es, als unsere fernen Vorfahren das menschenaffentypische Fell bis auf winzige Härchen auf dem Großteil des Körpers eingebüßt hatten und nur noch ein dichter Haarschopf auf dem Kopf übrig geblieben war. Als Ersatz für das dichtere Körperhaar trugen die Menschen dann Tierfelle. Ein weniger dichter, gleichwohl sehr markanter Haarbewuchs am Körper verblieb mit einem eigenen Innenmilieu an der Scham. Dort herrschten auch zu Zeiten, als die Vormenschen noch ein Fell am ganzen Körper entwickelten, besondere Verhältnisse. Die spezifische Laus dazu, die Schamlaus, die zumeist Filzlaus genannt wird, hat natürlich auch eine tierische Verwandtschaft, auch wenn sie sehr stark auf den Menschen spezialisiert ist. Molekulargenetischen Befunden zufolge sitzt ihre nächst verwandte Art am Gorilla (*Phthirus gorillae* heißt sie wissenschaftlich). Bemerkenswert ist, dass sich die Gorilla- und die Filzlaus des Menschen als Arten erst später voneinander getrennt haben, nämlich vor etwas mehr als drei Millionen Jahren. Da gab es die Kopflaus am Menschen schon zwei Millionen Jahre lang und die Vormenschen waren in der afrikanischen Savanne bereits zweibeinig unterwegs. In dieser Lage mit der Schamlaus kann man nur hoffen, dass die bisherigen Untersuchungsergebnisse noch nicht zutreffend genug sind, müsste man doch annehmen, dass sich frühe Menschenformen mit Gorillas eingelassen hatten.

Läuse zu haben ist nicht nur sehr lästig, weil ihre Stiche ziemlich jucken, sondern auch gefährlich, weil sie verschiedene Infektionskrankheiten übertragen können. ›Lausen‹ gehört daher zu den uralten Aktivitäten im Sozialbereich. Es schafft Vertrauen und stärkt die Bindungen. Für unsere Primatenverwandtschaft gilt: Wer sich gegenseitig laust, ist miteinander befreundet. Dem entspricht in konsequenter Fortsetzung des Prinzips, dass Freundinnen Läuse austauschen können, wenn sie die Köpfe zusammenstecken. Hauptquellen sind heutzutage Kindergärten und Schulen. Die Läuse sind ja keineswegs ausgerottet oder ähnlich selten wie die Menschenflöhe. Bei den Filzläusen sorgt der Intimkontakt für aus ihrer Sicht bestmögliche Verbreitung. Jemanden eine Laus in den Pelz setzen, ist eine alte und mehrdeutige Redewendung. Läuse kleben ihre Eier, Nissen genannt, mit einem Stoff an den Haaren fest, dessen Qualität durchaus mit den besten technisch-chemischen Klebstoffen konkurrieren könnte. Läuse züchten wird man deswegen allerdings nicht. Lacht man gegenwärtig über den Floh, wo weder Pest noch andere Infektionskrankheiten drohen, so nimmt man die Läuse durchaus noch ernst. Auch wenn wirkungsvolle Entlausungsmittel zur Verfügung stehen.

Absolut verhasst sind aber Wanzen, die Bettwanzen *Cimex lectularius.* Im Schlaf von Wanzen heimgesucht zu werden, ist eine Qual, die in Form der meist in Reihe gestochenen, stark juckenden Stiche lange anhält, oft eine Woche und darüber

Kopflaus
Pediculus humanus capitis

Bettwanze
Cimex lectularius

hinaus. Die zu den Plattwanzen gehörenden Bettwanzen stammen wahrscheinlich von einer Art ab, die ursprünglich in Süd- und Ostasien Fledermäuse befallen hat. Benutzten Menschen Fledermaushöhlen zeitweilig als Behausung oder Unterschlupf, bekamen die Wanzen mit Menschenblut eine besonders ergiebige Nahrungsquelle. Obwohl flügellos und gar nicht gut zu Fuß, verstehen es diese Parasiten, die Wände herabzuklettern und die Menschen zu finden, gleichgültig ob diese in einem Federbett, im Stroh oder auf dem Boden liegen. Hervorragend geeignete Schlupfwinkel, in die sich Wanzen am Tag zurückziehen können, sind Bilder an der Wand – oder auch Steckdosenverkleidungen. In manchen Gebieten der Erde wie den Subtropen, in denen in Hotels Wanzenbefall zu erwarten ist, empfiehlt es sich, Bilder an der Wand anzuheben. Bei Schlitzen in Tapeten ist es schwieriger, eine Wanzenkontrolle zu machen. Da die Bettwanzen keineswegs nur von Menschenblut leben, sondern auch Tauben, Fledermäuse und andere Säugetiere befallen können, ist ihre Bekämpfung besonders schwierig und fast immer mit der Anwendung von Gift verbunden. Mit Hinweis auf ihre sehr ungewöhnliche Biologie wird man keine Sympathie für sie wecken. Aber wenigstens weitere Ansatzmöglichkeiten, das Wanzenproblem in den Griff zu bekommen, insbesondere durch kompromisslose Sauberkeit. Was mit ihnen so alles verbunden wird, geht auch aus der unterschiedlichen Verwendung von ›Wanze‹ hervor: Am bekanntesten ist wohl das schwer zu findende Kleinstgerät, das, zum Ausspionieren benutzt, enorm schädigen kann. Und wenn jemand an einem anderen Menschen wie eine Wanze hängt, ist so ein Kontakt offensichtlich zu eng geworden.

Flöhe, Läuse und Wanzen vertreten die Gruppe von Haustieren, die niemand im Haus und noch weniger am Körper haben will. Sie bilden das Extrem tierischer Mitbewohner, die einen Hang zum Menschenblut entwickelt haben. Nehmen wir sie resignierend mit Humor: So attraktiv ist der Mensch!

Silberfischchen

›Zuckergast‹ hieß *Lepisma saccharina*, das so treffend-unzutreffend benannte Silberfischchen, auch. Mit den Fischen teilt es eigentlich nichts weiter als die Zugehörigkeit zum Tierreich. Und das ›Silber‹ sollte vielleicht besser durch ›Quecksilber‹ ersetzt werden, so quecksilbrig verhält es sich. Dass es Zucker schätzt, ist richtig, aber nicht alles. Wäre es seine einzige Nahrungsquelle, gäbe es zumindest in sauberen Küchen längst keine Silberfischchen mehr. Was genau genommen auch vielfach stimmt, wenngleich aus den allgemeinen Gründen der Sauberkeit und nicht mangels verstreutem Zucker. Doch genug des Deutelns: Worum handelt es sich beim Silberfischchen? Ein erster Blick auf das längliche, silbrig glänzende und bis gut einen Zentimeter lange Tierchen verrät lediglich, dass der Körper ähnlich wie bei Insekten gegliedert ist und es drei einfach gebaute Beinpaare hat. Aber keine Flügel, auch nicht in Form von Ansätzen oder Resten, wie bei Larven von Insekten oder bei Arten mit speziellen Anpassungsformen der Flügellosigkeit, wie den Flöhen und Wanzen. Außerdem ist der Körper mit feinen Schuppen bedeckt, die den Silberglanz erzeugen. Am Kopf hat es ein Paar langer Fühler, am Körperende fühlerähnliche Anhänge, die mit Tastsinn bei der Orientierung im Dunkeln helfen. Der Körper ist oval rundlich und so schlüpfrig, dass es nicht leicht ist, ein Silberfischchen zu fassen. Die glänzenden Schuppen tragen zu dieser bezeichnenden Schlüpfrigkeit bei.

So weit, so uninteressant! Müssen wir die Frage, was Silberfischchen sind, so zoologisch genau nehmen? Die Rechtfertigung steckt in der etwas umstrittenen Ansicht, dass die Silberfischchen so etwas wie Ur-Insekten sind; Insekten aus einer fernen Urzeit vor rund 300 Millionen Jahren, als diese nach Artenvielfalt bei Weitem erfolgreichste Tierklasse noch keine Flügel und sonst auch nicht viel Insektentypisches an sich hatte. Doch ausgerechnet aus dieser Zeit stammt das größte bislang bekannte Insekt, das Flügel trug und fliegen konnte, die Riesenlibelle *Meganeura*. Die Vorfahren der Silberfischchen, die wirklichen Urinsekten müssen somit schon weit früher gelebt haben. Das Silberfischchen macht es also den Evolutionsbiologen mit der Zuordnung nicht so leicht, wie sein einfacher Körperbau als Insekt dies erwarten ließe. Vielleicht sollten wir dieses Tierchen und seine artenarme, nähere Verwandtschaft anders einstufen, nämlich als ein echtes Erfolgsmodell der Evolution, an dem es seit über 300 Jahrmillionen nichts zu verbessern gab. So manches menschengemachte Modell wirkt demgegenüber nahezu lächerlich eintagsfliegenhaft. Was das Silberfischchen auszeichnet, ist seine Einfachheit. Es kann laufen – mit den drei kleinen Beinpaaren sogar ziemlich schnell und geschickt –, sich dank eines Schuppenkleides, das Abrieb toleriert, in Ritzen und Spalten zwängen und nach vorn wie nach hinten ertasten, was in nächster Nähe geschieht. Sehen können muss es nicht, denn das Leben der Silberfischchen spielt sich weitestgehend im Dunkeln ab. Hinter der Tapete gäbe es nichts zu betrachten, wohl aber Wichtiges zu ertasten. Dort könnten ja Wanzen sitzen oder, für die Silberfischchen am gefährlichsten, Ohrwürmer. Auch diese sind merkwürdige Insekten, keine Würmer, und Ohren haben sie auch nicht. Aber das gehört nicht hierher. Festzuhalten ist lediglich, dass sie als Feinde der Silberfischchen gelten. Sehr erfolgreich sind Ohrwürmer in der Bekämpfung der Silberfischchen jedoch nicht. Denn sie halten sich weit mehr draußen auf als in Häusern.

Mit Silberfischchen hatte ich vor vielen Jahren ganz unerwartet zu tun. Da wuselte plötzlich eines spätabends im Haus herum, als ich das Licht anmachte. Zur Verwunderung meiner Frau stellte ich mit unmissverständlicher Begeisterung fest, dass ich, obwohl Zoologe, schon seit langer Zeit kein Silberfischchen mehr gesehen hätte. Nun hängt die Wichtigkeit eines solchen Erlebnisses recht ausgeprägt von der persönlichen Einstellung ab, die in meinem Fall jedes Tier grundsätzlich als ›interessant‹ einstuft. Was anderen Menschen, auch der mit dieser Gegebenheit vertrauten eigenen Frau, nicht immer leicht zu vermitteln ist. Die Klarstellung, dass dieses glänzende, schlüpfrige Etwas harmlos sei und keinen Schaden anrichte, erzielte abwartende Toleranz. Denn bekanntlich ist ›Schaden‹ auch etwas sehr Subjektives. Das Silberfischchen hatte sich längst in Sicherheit gebracht, als ich die Möglichkeit erwog, es einzufangen, um einen genaueren, d. h. vergrößerten Blick darauf durch eine Stereolupe zu werfen. Aber es würde, so meine Vermutung, sich zu später Stunde bald wieder zeigen, weil es hungrig

Silberfischchen
Lepisma saccharina

werden musste. In den folgenden Nächten lauerte ich also dem Silberfischchen auf. Viel Mühe kostete das nicht, denn es kam mit seiner Verwandtschaft. Wir hatten, wie sich schnell zeigte, nicht eines im Haus, sondern mehrere; vielleicht sogar viele? So fing ich an, genauere Aufzeichnungen zur tages- bzw. nachtzeitlichen Aktivität und zur Anzahl der gesehenen Exemplare zu machen. Nach eineinhalb Jahren zeichneten sich markante Phasen im Leben und Gedeihen unserer kleinen Mitbewohner ab. Sie wurden nach Einbruch der Dunkelheit aktiv, auch wenn es im Haus Licht gab, was oft genug der Fall war, wuselten hauptsächlich zwischen 22 und 23 Uhr umher und wurden nochmals ein wenig vor Sonnenaufgang aktiv. Sehr kleine Junge gab es im April und Mai sowie wieder im August, mittlere Größen von April bis Juli und voll ausgewachsene hauptsächlich im Mai. Im Jahreslauf dauerte die Winterpause rund drei Monate, obgleich das Haus normal geheizt war.

Nun sind für solche Feststellungen ein paar Dutzend beobachteter Silberfischchen nicht ausreichend, schon gar nicht, wenn man sie als Wissenschaftler trifft. Was im Klartext bedeutet, dass meine Forschungen und der mit ihnen verbundene Schutzstatus sich allmählich der kritischen Nachfrage zu stellen hatten, wie lange die Toleranz gegenüber den immerhin nicht eingeladenen Gästen noch anhalten sollte. Schäden gab es zwar keine, aber ich musste zugeben, dass mir schleierhaft blieb, wovon die Silberfischchen eigentlich lebten. Ins Haus gekommen waren sie offenbar mit Verpackungsmaterial aus Fernost. Ich ging davon aus, dass sie Nahrung unter den Fußböden des Altbaus fanden, deren Holzbretter nicht dicht genug aneinander grenzten, da ich sie ein paar Male daraus hervorkriechen sah. Was jedoch auch auf Nahrungsmangel da unten hinweisen mochte. Kurz: Sie gaben so manches ihrer Geheimnisse nicht preis, vermehrten sich aber munter, und so kam, was kommen musste: Bekämpfung mit Lockfallen für Silberfischchen. Diese verminderten den Bestand, vernichteten ihn aber nicht. Er starb vollends aus, als die mir unbekannten Vorräte, von denen sie zehrten, erschöpft waren. Was wiederum eine Vermutung ist und nicht mehr. Aber das eineinhalbjährige Leben mit Silberfischchen war vorüber. Dass es wohl chinesische Silberfischchen gewesen waren, ergab sich aus den Umständen ihres Erscheinens. Ein paar Jahre später hätte sich diese vermutete Herkunft molekulargenetisch beweisen oder widerlegen lassen.

Der Entschluss zur Bekämpfung drückte aus, dass man auch als Zoologe nicht ganz frei ist von Vorurteilen. Mit ihrer zunehmenden Zahl schwand die Begeisterung. Zunächst war ich fasziniert davon, ihre Herkunft aus der freien Natur anhand des Lebensrhythmus erkennen zu können. Silberfischchen halten sich unter anderem in Vogelnestern auf und vermehren sich auch darin unter Nutzung der Abfälle, die bei der Versorgung der Jungvögel zustande kommen. Ihre Hauptaktivität im Mai fällt mit der Hauptnistzeit zusammen. Dass sie im Winter ihre Aktivitäten einstellen, stimmt gleichfalls mit den äußeren Verhältnissen überein, obwohl in den geheizten Häusern ganz andere Bedingungen herrschen. Die verschiedenen Größen zeigten, dass Silberfischchen bei ihrer Entwicklung vom Ei über die Larvenstadien eine sogenannte unvollständige Verwandlung durchmachen. Sie werden mit jeder Häutung einfach den Erwachsenen immer ähnlicher. Was mir bei der bloßen Beobachtung allerdings vorenthalten blieb, wäre das Spektakulärste und Reizvollste an ihnen überhaupt gewesen, nämlich die Werbung der Männchen um die Weibchen und das komplizierte Paarungsspiel. Bei diesem setzt das Männchen zunächst eine Portion Sperma am Boden ab und überzieht dieses mit einem selbst gefertigten Gespinst. Das Weibchen kommt danach herbei, nimmt das Samenpaket auf und befruchtet damit selbst die Eier im Körper, bevor es diese an geeigneten, hinreichend feuchten und geschützten Stellen ablegt. So einfach Silberfischchen als Insekten auch gebaut sind, so kompliziert verläuft ihre Fortpflanzung. Der Aufwand, der nötig wäre, das Geschehen in einem Glasgefäß spätabends oder in den frühen Nachtstunden beobachtbar zu machen, ist enorm und war mir zu groß.

Moderne, nach heutigen Vorstellungen von Wohnraum- und Haushygiene gestaltete Räume bieten Silberfischchen keine Lebensmöglichkeiten mehr. Unsauberkeit in den Wohnungen allein reicht nicht; sie brauchen Ritzen und Fugen, in die sie sich tagsüber zurückziehen und die wesentlichen Teile ihres Lebens verbringen können. Die alten Häuser waren der ideale, weil zumindest teilweise auch im Winter warme Ersatz für Vogelnester. Wir wissen inzwischen, dass die Vorzugstemperatur der Silberfischchen zwischen 20 und 30 Grad Celsius liegt und die relative Luftfeuchte 80 bis 90 Prozent betragen sollte, aber das nützt ihnen nichts. Die Zuckerdosen sind verschlossen, die Böden der Wohnräume auch. Und in Bad und Toilette herrscht Chemie. Ob wir dadurch gesünder wurden, ist zumindest im Hinblick auf die drastische Zunahme von Allergien zu bezweifeln.

Dass die silbrigen Flitzer Hautschuppen, Hausstaubmilben und Schimmelpilze fressen, Kleister und alte Formen von Leim in Buchrücken (die aber so gut wie nicht mehr verwendet werden) auch, verhalf ihnen zu keiner besseren Akzeptanz. Sie sollen immer noch keine Hausgenossen sein, die kleinen lichtscheuen ›Fischchen‹ mit silbrigem Schuppenkleid und nächtlich-stiller Lebensweise.

Spinnen

Ein Silberfischchen, vergrößert ins rechte Licht gerückt, sodass es aufglänzt wie aus Metall gegossen, kann bei näherer Betrachtung durchaus wohlwollendes Interesse erwecken. Bei den Spinnen, zumal jenen, die in schwer zugänglichen, eher finsteren Winkeln im Haus entdeckt werden, schreckt die Ansicht durchs Vergrößerungsglas eher weiter ab. Da gerät das Spinnenportrait schnell zum Monster. Erscheinen übergroße Spinnen in Gruselfilmen, lächeln Spinnenkenner nur müde über die Unkenntnis ihrer Schöpfer. Hätten sich diese nämlich wirkliche Spinnen zum Vorbild genommen, sähen ihre Monster noch weitaus bedrohlicher aus. Was nicht gegen die Spinnen selbst spricht, sondern gegen unsere Unfähigkeit, mit Skalenvergrößerungen zurechtzukommen und unsere Urängste vor Spinnen, die wir nicht bloß von überängstlichen Eltern eingeimpft bekommen, zu überwinden. Es liegt wahrscheinlich an durchaus natürlichen, biologischen Urängsten vor Giftspinnen, die es in den Tropen und Subtropen tatsächlich gibt, dass die allermeisten Menschen spontan eine mehr oder minder starke Arachnophobie, einen Horror vor Spinnen, spüren, wenn sie sich plötzlich mit einem größeren Exemplar konfrontiert sehen. Das Gegenstück, die Arachnophilen, die Liebhaberinnen und Liebhaber von Spinnen, bilden eine verschwindend kleine Minderheit. Es gibt sie, wie es für wohl alle Lebewesen Spezialisten mit hohem Interesse gibt. Aber der Zahl nach sind sie gewiss viel seltener als etwa die Schlangenfreunde.

Natürlich war es seit grauer Vorzeit für die Menschen, zumal seit sich das ursprünglich affentypische Fell zurückgebildet hatte und sie weitgehend nackt geworden waren, ein Überlebensvorteil, vor Spinnen (und Schlangen) zurückzuschrecken, bevor diese vielleicht zubeißen und ihr Gift injizieren. Tödliches Gift in manchen Fällen, schmerzhaft immer, wenn die Spinne stark genug war, unsere so dünne Haut mit ihren Kieferklauen zu durchschlagen. Da spielte es keine Rolle, dass die allermeisten Spinnen zu schwach dafür sind. Zumindest diejenigen, die außerhalb der Tropen vorkommen. In den klimatisch gemäßigten

Breiten gibt es nur einige wenige Spinnenarten, die uns Menschen einen Giftbiss verpassen können, in kalten Regionen keine mehr. Aber nicht hier, sondern in den Tropen entstand unsere Gattung. Dort bildete sich unser Fell zurück. Die nackte Haut wurde unser ganz besonderer physischer Vorzug, weil wir besser als jedes andere Säugetier in warmem bis heißem Klima schwitzen und unseren Körper damit vor Überhitzung schützen können; aber mit dem Nachteil, dass uns die dünne, offene Haut zum Vorzugsziel für Blutsauger und anfällig für schmerzhafte Stiche oder giftige Bisse von Insekten macht. Insekten rangieren daher in unserer psychologisch-automatischen Akzeptanzskala von Tieren generell recht weit unten; die großen Schmetterlinge, die wir vorbehaltlos bewundern können, ausgenommen, nicht aber ihre oft dornigen, mit brennenden oder giftigen Haaren besetzten Raupen. Sie halten viele für Ungeziefer, wie Wanzen, Käfer, Fliegen, Mücken und dergleichen. Vor allem aber die Spinnen. Gelangen sie unerwartet auf die nackte Haut oder gar ins Gesicht, schüttelt uns ein Sturm von Ekel oder Furcht, gebissen zu werden. Wer Angst vor Spinnen hat, braucht sich dieser also nicht zu schämen. In blinde Vernichtungswut sollte diese aber auch nicht umschlagen. Denn Spinnen, so sagt man uns, »spielen im Naturhaushalt eine wichtige Rolle«.

Mag ja sein im Naturhaushalt, aber im eigenen Haushalt? Sollen da mehr oder minder bedrohlich wirkende Haus- oder Winkelspinnen in dunklen Ecken ihre Netze bauen und während wir schlafen in den Räumen herumwandern dürfen? Da greift das Argument des Naturhaushaltes nicht mehr so recht. Das der Sauberkeit dagegen umso mehr. So etwa ließe sich in aller Kürze zusammenfassen, was der Akzeptanz von Spinnen im Haus entgegensteht. Dagegen ist kaum anzukommen. Es hilft selten einmal, darauf zu pochen, dass Zoologen mehr von den Tieren wissen und zu verstehen meinen als die ordentliche Hausfrau oder der hilfreiche Hausmann, der den direkten Kampf gegen die Spinne(n) aufnimmt. Und dabei Mut-Punkte sammelt. Außerdem, das muss man auch als Spinnenfreund zugeben, ist in der Praxis nicht erwiesen, dass nächtens weniger Stechmücken mit ihrem nervtötenden und ruhestörenden Gesirr auf uns losfliegen, wenn abends eine »dicke Berta« in der dunkelsten Ecke des Schlafzimmers sitzend gesichtet wurde. Sie kann ja nicht fliegen, sondern lediglich zuwarten, dass ihr die Mücken, die gerade für große Spinnen eine nicht sonderlich ergiebige Beute darstellen, ins Netz gehen.

Aussichtsreicher ist es, dass sie jene Fliegen erbeutet und aussaugt, die im Keller oder in kühlen Räumen zu überwintern versuchen. Und in puncto umfassende Reinlichkeit am sichersten, so die Mehrheitsmeinung, durch Mückengitter und sonstige, auch chemische Abwehr, gar kein Ungeziefer ins Haus zu lassen. Dann werden Spinnen als nächtliche Jäger auch nicht benötigt.

Somit wäre entkräftet, was üblicherweise zugunsten der Spinnen im Haus angeführt wird. Was bleibt mir, um zu retten, was vielleicht noch zu retten ist: die zoologisch gewiss gerechtfertigte Behauptung, dass Spinnen faszinierende Tiere sind? Ein paar Beispiele hierfür, aus dem Leben (im Haus) gegriffen, mögen gestattet sein.

Die bekannteste und meistens auch häufigste Spinne im Haus ist *Tegenaria atrica,* die Hauswinkelspinne. Die Weibchen dieser am Hinterleib dunkel gefleckten, großen Spinne werden (ohne die gestreckten Beine gemessen!) bis knapp zwei Zentimeter lang. Die Männchen bleiben beträchtlich kleiner und schlanker. Die ihr sehr ähnliche Verwandtschaft, zwei weitere Arten ihrer Gattung, lebt häufig in Häusern, ist nicht ganz leicht zu bestimmen, in der Lebensweise aber sehr ähnlich. Über handtellergroße, meist staubig graue Trichternetze in finsteren Winkeln und Nischen oder hinter Möbeln verraten ihre Anwesenheit. Tagsüber ruht die Spinne versteckt im Trichter. Nachts wandert sie umher, auch auf dem Boden, und wenn sie beim Schlafengehen plötzlich angetroffen wird, weil man Licht gemacht hat, kann sie manchen Menschen den Schlaf rauben. Dabei bedeutet das Verlassen des Fangnetzes oft einfach, dass es zu lange schon keine Beute eingebracht hat. Eine Spinne, die für unsere Begriffe eine geradezu unglaubliche Zeitspanne hungern kann, hat auch ihre Grenzen. Lässt man die Türe offen, verlässt sie das Schlafzimmer – vielleicht. Sie aus bloßer Ekelreaktion heraus zu töten, verbietet zwar kein Tierschutzgesetz, ist aber dennoch nicht ›angemessen‹. Denn für uns Menschen ist diese große Hausspinne gänzlich harmlos. Dass unsere Spinnenphobie nicht erlernt oder andressiert worden ist, lässt sich übrigens manchmal an einem Hund und seiner kurzen Schreckreaktion beobachten, wenn ihm plötzlich eine große Spinne vor die Nase läuft.

Ganz anders gebaut und im Verhalten sehr verschieden von der haarigen Hauswinkelspinne ist eine kaum weniger häufige, extrem lang- und dünnbeinige Spinne, die recht zutreffend Weberknechtartige Zitterspinne *Pholcus phalangioides* (oder einfach Große Zitterspinne) heißt. Sie läuft viel mehr als die Hauswinkelspinnen umher, mitunter auch am Tag, und wirkt mit ihrer hellbraunen Tönung weit weniger abstoßend oder bedrohlich. Ihre Besonderheit besteht darin, bei Störung den ganzen Körper so sehr in Schwingungen zu versetzen, dass sie kaum noch zu sehen ist. So zittern zu können, dass es quasi unsichtbar macht, das ist doch etwas Besonderes. Das sollte man gesehen haben! Und es lässt sich auch immer wieder beobachten, weil diese Spinnen wirklich häufig sind und gleichfalls gänzlich harmlos. Es ist beeindruckend, wenn sie auf der Hand laufen und überhaupt kein Gewicht zu haben scheinen. Das Weberknechtartige stellt möglicherweise eine Nachahmung der Weberknechte dar, die ähnlich lange, dünne Beine haben, aber keine Spinnen sind, sondern eine den Spinnentieren nahestehende, eigene Tiergruppe. Der schlechte Geschmack, den man den Weberknechten nachsagt, schützt sie ziemlich gut vor dem Gefressenwerden. Die Nachahmung der Körperform, Mimikry genannt, kommt daher wohl auch der Zitterspinne zugute.

Ins Haus, vor allem über Fensterbänke mit Blumenkästen oder mit Schnittblumen in die Zimmer, kommen auch immer wieder kleine Spinnen, die unter dem Vergrößerungsglas eigentlich durchaus einigen Reiz bieten (wenn die Anfangshemmung überwunden ist). Es sind dies zumeist Springspinnen. Sie zeichnen sich durch überraschend weite, sehr zielgerichtete Hüpfer aus. Dabei stoßen sie einen hauchdünnen Sicherheitsfaden aus, der sie auffängt, sollte der Sprung das Ziel nicht erreichen. Bungeespringen in höchster Vollendung. Hübsch gezeichnet sind die kleinen Springer zudem. Schaut man ihnen mit dem Vergrößerungsglas ins Gesicht, erkennt man die großen Augen, die nach Art von Linsen einer Überwachungskamera die Lage erfassen. Die Männchen tropischer und australischer Arten präsentieren ihren Weibchen farbenprächtige Gebilde auf dem Rücken, die angehoben werden können und aussehen wie das Rad bei einem balzenden Pfau.

Seltener, meist nur außen an den Gebäuden, besonders an Schuppen im Garten, spannen große Kreuzspinnen ihre fantastisch präzisen und auf die örtliche Situation bestens abgestimmten Netze. Ins Haus kommen sie fast nie. Egal wie groß sie sind, für uns Menschen sind sie immer harmlos. Die einzige Giftspinne Mitteleuropas, der Dornfinger *Cheiracanthium punctorium*, macht ebenfalls keine Hausbesuche. Es gibt ihn nur im Freien an trockenen, warmen Stellen in wenigen

Zitterspinne

Pholcus phalangioides

Gebieten, so im Oberrheintal und bei Berlin. Um gebissen zu werden, bedarf es einiger Anstrengungen, vor allem der schlechten Behandlung dieser Spinne. Das gilt ganz allgemein und auch für Giftspinnen in den Tropen, von denen einige durchaus in von Menschen bewohnten Hütten leben können. In der Natur gibt es eben keine so vielfältigen, luftigen bis finsteren Gebäude, wie sie Menschen herstellen. Der Mensch darin ist für die Spinnen nur zeitweilige Störung. Aber nicht ganz verzichtbar, denn ohne die Menschen würden die Gebäude schnell wieder verfallen, außer sie sind aus Stein gefertigt worden.

Wie Tiere zu Haustieren wurden

Blicken wir zurück auf die gut zwei Dutzend behandelter Tierarten, lassen sich neben den Besonderheiten, die jede Art auszeichnen, auch Gemeinsamkeiten erkennen. So sind die am engsten mit dem Menschen verbundenen und am stärksten durch Zucht veränderten Haustiere durchwegs soziale Arten. Ihre Wildformen leben in Gruppen, die meistens aus Familien zusammengesetzt sind. Je länger der Zusammenhalt von Nachkommen und Eltern, desto größere Veränderungen durch Züchtung können wir feststellen. Die Mutter-Kind-Beziehung stellt offenbar eine wichtige Ausgangsbasis für die Anpassung an den Menschen dar oder, zutreffender ausgedrückt, das Angepasstwerden an das Leben in der Menschenwelt. Eine längere Dauer der Jugendentwicklung bis zum Selbständigwerden begünstigt gleichfalls die Anbindung an den Menschen. Wir können die Mutter- oder Vaterrolle für Jungtiere übernehmen, und sie werden sich an uns binden, wenn sie auch von Natur aus viel und längere Zeit mit den Eltern oder mit der Mutter zusammen sind. Einzelgängerisch lebende Tiere kann man ›halten‹, aber sie werden sich kaum und vor allem nicht sicher genug an Menschen binden lassen, selbst wenn es sich um ›kluge‹ Tiere handelt. So kann man Bären zwar zwangszähmen und am Seil herumführen, wobei dem ›Tanzbär‹ die Schnauze mit einem Maulkorb verschlossen wird, aber eben nicht wie Wolf und Hund frei mitführen. Rinder, Schafe, Ziegen und Kamele leben in Gruppen, wobei in der Regel ein starkes Männchen, ein Stier, Bock bzw. Hengst führt, wie das auf seine Weise auch der Hahn mit der Hühnerschar macht. Kann der Mensch diese Rolle, die Spitzenposition in der Gruppe, einnehmen, lassen sich solche Herden- oder Gruppentiere leiten. In dieser Hinsicht sind Vögel viel weniger geeignet als Säugetiere. Die bedeutendsten Ausnahmen stellen genau die zu Haustieren gemachten Hühner-, Gänse- und Entenvögel dar. Viel schwerer wäre es, Tauben entsprechend ausnützen zu wollen. Sie kommen den Züchtern durch ihre starke Bindung an den Nistplatz entgegen, aber sehen ansonsten im Menschen wohl kaum mehr als eine meistens recht verlässliche Futterquelle. Futterzahmheit entwickeln Echsen, Frösche und Fische schnell. Mit Futter kann man ebenfalls Krebse und Insekten anlocken. Selbstverständlich sind Beziehungen dieses Typs gegenüber dem Menschen ungleich weniger intensiv als solche, die wir von Hund und Katze, aber auch von Pferden und anderen Säugetieren kennen. Dass zudem die Körpergrößen irgendwie zusammenpassen sollten, versteht sich von selbst. Von einer Maus oder eine Ratte wird man, so sozial diese Tiere auch sind, nicht erwarten, dass sie ähnlich individuell menschenbezogen wie Hund und Katze werden. Grob eingegrenzt lässt sich feststellen, dass Tiergrößen zwischen etwa einem und 100 Kilogramm Gewicht günstig sind für die Bezugnahme zum Menschen. Bei Haustieren, die wie die Rinder und Pferde viel schwerer werden können, wird zur Zähmung die jugendliche Größe genutzt. Als Welpe lässt sich auch ein später nicht mehr auszuhebender Bernhardiner auf den Arm nehmen, ein Kälblein, ein Fohlen umarmen, und sogar ein Elefantenbaby rangiert noch unter den Handhabbaren.

Günstige oder ungünstige Ausgangsbedingungen ergeben sich zudem aus der Art der Nahrung. Aus dem Ei geschlüpfte Täubchen, die von den Eltern mit Kropfmilch gefüttert werden, mit entsprechender Ersatznahrung großzuziehen, ist keine leichte Aufgabe. Ein Schweinchen hingegen lässt sich an die Brust nehmen, was tatsächlich vielfach, insbesondere bei sogenannten Naturvölkern getan worden ist. Angeblich sorgten sich mitunter Frauen der Papuas und anderer Südseevölker ähnlich intensiv um Schweinchen wie um ihre Babys. Leben Tiere von gleicher oder sehr ähnlicher Nahrung wie die Menschen, erleichtert dies ihre Haltung und Pflege. Aber es kann in Zeiten der Knappheit auch zur Konkurrenz kommen, etwa zwischen Wölfen bzw. Hunden, die Fleisch und Knochenmark der Jagdbeute der Menschen nutzen. Das schränkt ihre Zahl ein, die beim Menschen leben kann, während werdende oder dazu gewordene Haustiere, die sich von Gras ernähren, keine Nahrungskonkurrenten sind. Eine Hirtenfamilie kann sich, entsprechendes Weideland vorausgesetzt, eine Herde aus Hunderten Ziegen oder Schafen halten. Die gleiche Menge Hunde wäre unmöglich zu ernähren. Alle Haustiere, die in größeren Gruppen bei den Menschen leben, sind Selbstversorger in dem Sinne, dass sie sich selbst suchen, was sie brauchen. Dieses Prinzip ist erst im 20. Jahrhundert mit der Dauerhaltung in Ställen und Massentierhaltungsanlagen außer Kraft gesetzt worden. Nahrung und Wasser fließen wie in einer Fabrik in die Ställe, und die Abfälle werden im Gegenzug entsorgt. Dass dies eine Extremtierhaltung ist, die mit ›artgerecht‹ nichts mehr zu tun hat, versteht sich von selbst.

Schließlich wird beim echten, ganz auf den Menschen angewiesenen Haus- und Nutztier die Fortpflanzung kontrolliert oder ganz unterbunden. Dies geschieht durch Isolation von den Artgenossen oder durch die definitivste Form, die Kastration. Gezielte Züchtung klappt nur, wenn die für das Zuchtziel geeignet erscheinenden Partner ausgewählt und alle anderen möglichen ausgeschlossen werden. Dass man damit nach einigen Dutzend Generationen auch in unserer Zeit gegebenenfalls ein neues Haustier schaffen kann, bewiesen die Zuchten des Russen Dimitrij Beljaew an Silberfüchsen. Die zu Beginn des Zuchtexperiments benutzten Füchse waren nichts weiter als graue Farbformen des Eisfuchses, einer arktischen Fuchsart, die mit unserem gewöhnlichen und auch in Städten weitverbreiteten Rotfuchs verwandt ist. Herausgekommen sind scheckige Füchse mit Schlappohren und einem hündischen Verhalten, weil über die Generationen hinweg immer nur die zutraulichsten im Nachwuchs zur Weiterzucht verwendet wurden. Ein halbes Jahrhundert hat ausgereicht, um aus einem Wildtier eine Zuchtform zu schaffen, die viele für echte Haustiere typische Merkmale trägt. Ist damit nun experimentell bewiesen, wie Haustiere ›gemacht‹ wurden? Sicher nicht, zumindest nicht, was den Beginn der Haustierwerdung betrifft. Denn da konnte niemand wissen, was herauskommen würde. Und es gab auch keine Kenntnisse darüber, wie man züchtet und wie die zur Zucht ausgewählten Tiere von den noch wild lebenden Artgenossen isoliert gehalten werden können. In der Steinzeit existierten, einfach ausgedrückt, keine Käfige. Der experimentelle Nachweis bestätigte lediglich, was man längst aus der Züchtung von Haustierrassen wusste. Auch wenn es sich bei den Silberfüchsen noch um fast wilde Tiere handelte, die nur zur Pelzgewinnung eingesperrt gehalten worden waren. Für den Anfang der Haustierwerdung ist die gezielte, von den Artgenossen isolierte Züchtung kein realistisches Szenario. Doch da sie stattfand, muss es eine oder mehrere andere Erklärungen geben.

Tragen wir noch einmal die Haupteigenschaften zusammen, die Haustiere auszeichnen. Sie stammen von Arten ab, die in Gemeinschaften leben, also ›sozial‹ sind. Einige ernähren sich ähnlich wie die Menschen, andere ganz anders, nämlich vorwiegend von Gras. Und sie passen ihrer Körpergröße nach einigermaßen zum Menschen. Drei Arten eignen sich gut für die nähere Betrachtung aus diesem Blickwinkel, nämlich Hund, Schwein und Ziege. Der Hund stammt vom Wolf ab, und Wölfe ernähren sich überwiegend bis ausschließlich von Fleisch und Knochen (selbst) erbeuteter Tiere. Das Schwein ist ein Allesfresser, aber die Abfälle, die es verwertet, müssen ziemlich nahrhaft sein. Die Ziege (auch das Schaf oder das Rind) frisst Gras, auch recht dürres und sogar Zeitungspapier. Solches gab es ursprünglich nicht, wohl aber vermehrt Gräser, seit die Menschen angefangen hatten, sesshaft zu werden. Dabei fiel ›Abfall‹ an, grundsätzlich nicht anders als bei uns hier und jetzt, aber mit dem ganz wesentlichen Unterschied, dass steinzeitlicher Abfall von Menschen ausschließlich aus organischen Stoffen, wie Essensresten, bestand. Solche sind energetisch ergiebig und auch gehaltvoll an lebenswichtigen Substanzen, wie Eiweiß-Bausteine, die Aminosäuren. Und dass die von jagdlich erbeuteten Tieren übrigbleibenden Reste für Wölfe und andere Fleischfresser attraktiv sind, braucht nicht betont zu werden. Die Menschen hatten also durchaus etwas zu bieten, auch wenn dieses Angebot nicht an irgendwelche Tiere gerichtet war, sondern als Abfall anfiel. So lange die Menschen als Jäger und Sammler mehr oder weniger nomadisch umherwanderten, gab es im Wesentlichen nur diese Form von Abfall, die Reste der erlegten Tiere. Andere Abfälle kamen zustande, nachdem die Menschen sesshaft geworden waren. Am ergiebigsten wurden sie mit der Kultivierung von Gräsern zu Getreide. Denn die Körner sind besonders reich an Stärke (d. h. ›Energie‹) und Eiweiß (das sich in Nachkommen umsetzen lässt). Sobald sich die Menschen längere Zeit in Hütten oder hausähnlichen Bauwerken niederließen, sammelten sich mit der Zeit Abfälle an. Auch Ausscheidungen der Menschen. Diese sind im Prinzip immer noch eine Nahrungsquelle, nicht wesentlich anders als Kuhfladen, nämlich voller Bakterien mit Bakterieneiweiß. Das zieht Fliegen, Käfer und Würmer an, die wiederum, zusammen mit den organischen Resten im Exkrement, solch wirksamen Futterverwertern wie den Schweinen viel bieten. Allein hieraus lässt sich folgern, dass historisch zuerst die Wölfe zu den Menschen gekommen sind, und zwar schon zu Zeiten lange vor der Sesshaftigkeit. Mit dieser wurden die Ansiedlungen der Menschen attraktiv für (Wild-)Schweine und schließlich kamen die Wildziegen und Wildschafe, als Getreide gesät wurde und Felder angelegt waren. Der Ackerbau förderte genau die Pflanzen, die Ziegen und Schafe bevorzugen.

Und von ihm gab es auch Körner für Tauben und Hühner, lässt sich hinzufügen. Die Menschen legten nach dem Sesshaftwerden regelmäßig Brände, um das Gelände von aufgewachsenem Gestrüpp zu befreien und den Graswuchs zu fördern. Noch gab es ja keine Eisenwerkzeuge zum Mähen oder zum Pflügen. Je größer die Flächen, auf denen der Wald oder das Buschwerk zurückgedrängt wurde, desto größere Tiere, die von Gras leben, konnten sich darauf ernähren. Den Ziegen und Schafen folgten die Rinder. Auf die Speicherung von Getreidekörnern sodann die Mäuse und mit langer Zeitverzögerung, weil sie in Zentral- und Südasien lebten, die Ratten. Die Mäuse der Getreidespeicher zogen wiederum die Katzen an. Und so fügt sich ein Rädchen ins andere im neu entstehenden Getriebe, mit dem die Menschen die Welt veränderten.

Die Attraktivität der Lebensformen des Menschen erklärt den ersten Schritt der Haustierwerdung, die Hinwendung von Wildtieren zum Menschen. Sie hätten aber Wildtiere bleiben können, wie die Marder in den Dachböden der Häuser, die Fledermäuse und vieles andere Getier, das sich in den Gebäuden eingenistet hat und dennoch nicht wirklich Haustier wurde. Der zweite Schritt ist der entscheidende. Die Tiere passen sich in ihrem Verhalten der Menschenwelt und ihren neuen Verhältnissen an. Sie domestizieren sich selbst. Bei diesem Übergang zum echten Haustier sondern sie sich von ihren weiterhin frei lebenden Artgenossen immer mehr ab. Der genetische Austausch wird geringer, je stärker sich die werdenden Haustiere in den Nahbereich der Menschen begeben. Dieser Vorgang ereignet sich in der Natur im Grunde immer wieder bei der Artaufspaltung: Es zweigt sich aus einer vorhandenen Art eine neue ab, die neue Eigenschaften weiterentwickelt. Die Möglichkeit der Selbstdomestikation vieler, wenn nicht aller Tiere, die richtige Haustiere geworden sind, zu akzeptieren, fällt uns schwer. Dafür gibt es einen tieferen Grund. Auch wir Menschen, die allermeisten zumindest in der heutigen Zeit, sind das Ergebnis der Selbstdomestikation. Diese war nicht erzwungen worden. Sie fing an mit dem Sesshaftwerden. Durch Ackerbau und Viehzucht entstanden neuartige Lebensbedingungen. Die Jäger und Sammler und die Ackerbauer gerieten in Konflikt miteinander. Die einen zeichneten sich durch Sesshaftigkeit aus, das nomadische Umherschweifen blieb für die Jäger-und-Sammler-Völker prägend. Die Ackerbauern erfanden die Grenze und häuften einen Besitz an, der weit über das hinausging, was Jäger und Sammler mit sich führen können. Schließlich schrumpfte mit der neuen Lebensweise das Gehirn – um gut 10 bis knapp 15 Prozent nahm die Gehirnmasse ab, ähnlich wie beim Hund, zu dem der domestizierte Wolf geworden war. Und auch bei so gut wie allen anderen Haustieren, wenn ihre Gehirngröße, auf gleiche Körpermasse bezogen, mit jener der Wildform verglichen wird. Viel, sehr viel spricht für die Selbstdomestikation des Hundes durch Annäherung an die steinzeitlichen Menschen und Anpassung an ihre Lebensweise. Ähnlich überzeugend sind die vorgebrachten Argumente für die Selbstdomestikation des Wildschweins zum Hausschwein. Weniger klar ist der Sachverhalt bei Ziege, Schaf und Rind, einfach weil diese nicht die Häuser, sondern die Fluren der sesshaft gewordenen Menschen aufsuchten. Dass Menschen durch Fütterung die Annäherung von Wildtieren förderten, widerspricht der Selbstdomestikation keineswegs, sondern bekräftigt sie, weil das Futterangebot keinen Zwang ausübt wie das Fangen und Einsperren zum Zweck der Weiterzucht.

Wie attraktiv die neue Welt der Menschen für viele Tierarten tatsächlich ist, sehen wir in den Großstädten. Sie sind an Nahrung oft reichhaltiger als das sogenannte Land, und es leben dort sehr viele Wildtiere, die nicht gleich in Panik verfallen, wenn sie Menschen sehen. Beispiele gibt es zuhauf, wie die Wildschweine in Berlin, die Füchse in vielen (Groß-)Städten, Weißwedelhirsche in Nordamerika und Elche in Skandinavien oder in Rumänien sogar Bären. Wer jemals in Indien erlebt hat, wie vertraut sich Großtiere den Menschen gegenüber verhalten, obwohl sie nicht gefüttert oder irgendwie angelockt werden, wird sehr stark bezweifeln, dass Wildtiere ›wild‹, d. h. von Natur aus scheu sein müssen. In den noch gar nicht so weit zurückliegenden Zeiten, in denen nicht mit Schusswaffen gejagt und auf große Distanz getötet werden konnte, waren die allermeisten Wildtiere viel zutraulicher als gegenwärtig. Die Scheu ist künstlich, sie ist erzwungen worden durch die anhaltend intensive Verfolgung. Hieraus hat sich bei uns die höchst unnatürliche Situation ergeben, dass Wildtiere in Großstädten den Menschen näher kommen als in Wald und Flur, ihrem ›natürlichen‹ Lebensraum. Damit erklärt sich ganz von selbst die Frage, ob es bestimmte Regionen der Erde waren, die die Haustierwerdung begünstigt hatten. Denn nahezu alle Haustiere stammen aus den beiden geografischen Großräumen, in denen die Menschen sesshaft wurden. Der weitaus bedeutendste war der Vordere Orient, dessen Kulturraum sich in der entscheidenden Zeit von Zentralasien bis Nordafrika ausdehnte. Hier bauten die Menschen die ersten festen Ansiedlungen und Städte. Hier fing der Ackerbau mit der Nutzung der Wildgetreideformen an. Der andere, beträchtlich kleinere

Großraum war Mesoamerika, von wo gleichfalls eminent wichtige Kulturpflanzen stammen (Kartoffel, Mais). Doch dort, vom Hochland von Mexiko bis auf die Andenhochländer, gab es ungleich weniger für die Domestikation geeignete Tiere als in Vorderasien und Nordafrika. Die Tropen wirkten in der Alten wie in der Neuen Welt als Barriere, die nicht nur für Menschen, sondern auch für Tiere schwer zu passieren war. Wo aber Jäger-und-Sammler-Kulturen (fast) bis in die Gegenwart weiter existieren, entstanden keine fest an die Menschen gebundenen Haustiere. Die Aborigines Australiens, die am längsten vom Rest der Menschheit isolierte Bevölkerung, nutzten zwar seit einigen Jahrtausenden den über die eiszeitliche Landverbindung mit Neuguinea nach Australien gelangten Dingo, aber offenbar noch so locker, wie einst die Wölfe als Noch-nicht-Hunde mit den Eiszeitmenschen in Europa und Nordasien gelebt hatten. Der Hund ist im Bezug auf die Domestikationsgebiete also eine Ausnahme, aber eine gut begründbare. Dennoch kam es höchstwahrscheinlich erst mit der Sesshaftwerdung der Menschen zur vollen Trennung des Hundes vom Wolf und zu den Hundswölfen als Übergangsform.

Nehmen wir nun noch als dritte Komponente mit dazu, dass die Jungen von Säugetieren und frisch aus dem Ei geschlüpfte Vogeljunge mehr oder weniger stark auf das Lebewesen geprägt werden können, das sie mit ihren Sinnen zuerst wahrnehmen und das sie weiter versorgt, haben wir gleichsam die Individuen vor uns, bei denen mit der Domestikation begonnen werden kann. Denn wenn sich Tierjunge den Menschen verbunden fühlen, lassen sie sich als Erwachsene eher und leichter bei ihrer Fortpflanzung lenken als ihre Artgenossen, die nicht in Obhut der Menschen aufgewachsen waren. So kommt der Zustand der Halbdomestikation zustande. Dafür gibt es ein sehr gutes Beispiel im hohen Norden: Die Rentiere, die nordischen Hirsche, bei denen auch die weiblichen Tiere (kleinere) Geweihe tragen, leben mit den Nordvölkern, wie den Samen (Lappland) in Nordskandinavien, in diesem Zustand zusammen. Sie lassen sich von den Menschen führen, betreuen, auch gegebenenfalls melken, und bei der Paarung aus Sicht der Menschen passend zusammenbringen, leben aber ansonsten frei und selbständig. Manche ziehen Schlitten oder nehmen es hin, dass Kinder auf ihnen reiten. Damit repräsentieren die Rentiere also den Zwischenzustand der Halbdomestikation. Wir könnten ihn, auf Mitteleuropa bezogen, zwischen dem

Zustand der Rothirsche, die ins Wintergatter verbracht und dort gefüttert werden, ansonsten aber frei leben, und dem der Rinder, die voll und ganz domestiziert sind, verorten.

Wichtig ist dabei, dass auf die Prägung natürlicherweise eine mehr oder minder lange Phase des Lernens von den Alttieren folgt. Die Jungen machen dabei die konkreten Erfahrungen, was gefährlich oder ungefährlich ist. Sie orientieren ihr Verhalten an den Erfahrenen, während sie selbst als neugierige Junge eher bereit sind, neue Angebote seitens der Menschen zu probieren. Kurz: Zwischen dem Wildzustand und der vollen Domestikation erstreckt sich ein breites Übergangsspektrum voller Variationen und Vielfalt der Möglichkeiten. Deshalb lässt sich zwischen Haus- und Wildtier keine klare Grenze ziehen. Sogar die Züchtung hat einen natürlichen Vorschub, wenn bei starker Annäherung von Tieren an die Menschen der Druck der natürlichen Auslese nachlässt. Sie fangen dann stärker zu variieren an. Es gibt genetische, also durch Mutationen oder neue Genkombinationen verursachte Varianten, die im voll natürlichen Leben rasch den Feinden zum Opfer fallen würden oder bei der Fortpflanzung benachteiligt wären, die nun aber von den Menschen gefördert werden, weil er sie für reizvoll oder nützlich erachtet. Kurzbeinige, gar dackelbeinige Wölfe hätten keine Überlebenschancen. Hähne mit zu langen Schwanzfedern auch nicht, wenn diese ihren Flug zu sehr beeinträchtigen. Und so fort. Variationen sind aber unverzichtbar, denn sie bilden das Rohmaterial, an dem die Prozesse der Evolution ansetzen. Gäbe es sie nicht, könnten die Arten entweder nur unverändert überleben oder sie müssten alsbald aussterben, was viel wahrscheinlicher wäre, weil ihre Umwelt nicht konstant bleibt.

Dieselbe Gegebenheit, die Veränderung, die Evolution möglich macht, ermöglicht also auch die Hinwendung von Tieren zum Menschen, ihre Selbstdomestikation und die anschließende gezielte Züchtung zu Formen und Rassen von Haustieren. Charles Darwin hatte dies in der ersten Hälfte des 19. Jahrhunderts erkannt. Es war die Domestikation, die gezielte Züchtung von Tauben und anderen Haustieren, die ihn auf die Spur der natürlichen Selektion, der Triebkraft der Evolution brachte. Ganz folgerichtig sinnierte er bereits über die Möglichkeit nach, dass die Wölfe die ersten Schritte zur Hundwerdung mit der Annäherung an die Menschen selbst vollzogen haben könnten. Aber die Zeit war noch lange nicht reif dafür, den Tieren solche Fähigkeiten zuzutrauen. Es schmeichelte den

Menschen zu sehr, sich selbst als die Macher, als die Erschaffer der Haustiere zu sehen, auch wenn sie hätten zugeben müssen, wie sehr die meisten Wildtierarten durch die Züchtung negativ verändert worden sind. Und wie rasch Haustiere sich wieder zu einem lebenstüchtigeren Zustand zurückentwickeln, wenn sie freikommen und sich selbst weitervermehren können.

Damit sollen die Ergebnisse der Züchtung nicht zu sehr abgewertet werden. Es gibt auch ganz exzellente, wie etwa die ›edlen‹ Pferderassen, manche Wind- und Jagdhunde und überhaupt einige Hunderassen mit schier übersinnlich anmutenden Fähigkeiten. Das Zuchtziel spiegelt sich im Ergebnis. Diese wie eine Selbstverständlichkeit wirkende Feststellung sollte zum genaueren Hinsehen anregen. Was haben die züchterischen Veränderungen gebracht? Befriedigt das Ergebnis nur unseren Hang zum Abstrusen? Wie geht es den Tieren selbst, die so ver-züchtet worden sind? Führt die 10 000-Liter-Turbokuh noch ein kuhwürdiges Leben? Müssen Mops und Boxer so extrem verkürzte Schnauzen haben, nur dass sie für (manche) Menschen niedlich aussehen? Was soll der Unsinn der Züchtung von Nackthunden, von Tauben, die nicht mehr richtig fliegen können, oder von Schweinen mit zusätzlicher Rippe und Übergewichtigkeit, sodass sie nur noch im engen Stall ›leben‹ können? Haustiere müssten Verpflichtung sein; Verpflichtung, ihnen ein hinreichend artgerechtes Leben zu ermöglichen. Formal schreibt das Tierschutzgesetz dies zwar vor, aber gerade in der Tierproduktion braucht man sich nicht danach richten. Die wirtschaftlichen Interessen dominieren; die Politik sanktioniert sie, indem von eigentlich guten Gesetzen so viele und so weitreichende Ausnahmen erlassen werden, dass sie nahezu unwirksam sind. Dann trifft die Garantie des Tierwohls gerade noch das eine oder andere Exemplar in der Heimtierhaltung, was im Einzelfall gewiss gerechtfertig sein mag, berührt aber bei Weitem nicht die Massenhaltung, wo die Quelle des Übels liegt. Auch die Quelle des Übels für sehr viele Menschen, die damit zumindest direkt gar nichts zu tun haben. Denn aus der Massentierhaltung kommen die gefährlichsten Infektionskrankheiten, die uns treffen und die Pandemien auslösen können. Mit der ›harten Domestikation‹, die über die Selbstdomestikation der Wildtiere hinausging und die neuen Verhältnisse des Eingesperrtseins der Tiere etabliert hat, kamen die Seuchen in die Menschenwelt. Die allermeisten sprangen von Tieren auf die Menschen über, in früheren Zeiten wie auch gegenwärtig. Millionen und Abermillionen Menschen brachten die Seuchen den Tod. Seit die

Erreger im späten 19. Jahrhundert erkannt worden sind, wissen wir eigentlich Bescheid. Lehren gezogen wurden daraus dennoch nicht. Ganz im Gegenteil: Es werden immer noch größere Massentierhaltungskomplexe genehmigt. Und trifft uns dann – ›gänzlich unvorbereitet‹, wie immer – die Vogelgrippe, ist das Lamentieren groß. Bestraft werden danach die kleinen Geflügelhalter mit freilaufenden Hühnern oder Enten und Gänsen, die sie monatelang gleichsam in Haft hinter Gitter nehmen müssen, als ob sie die Seuche verbrochen hätten. Für die Großen mögen die Keulungen eine willkommene Marktbereinigung bei Überkapazitäten darstellen. Es liegt sehr viel im Argen mit den Haustieren. Vor allem fehlt es in der Tierhaltung an einer guten Mitte. Wir haben das eine Extrem von Heimtieren, die verhätschelt und vergöttert werden, und das andere mit extrem mitleidloser Haltung, bei der die Tiere zu lebenden Fleischproduktionsmaschinen degradiert sind. Doch dass immer mehr Wildtiere, auch große Arten, integriert in die Menschenwelt in den Städten leben dürfen, gibt Hoffnung.

Nachbemerkung

Von Kindesbeinen an wuchs ich mit Haustieren auf, mit Katzen und Hunden, Kaninchen und Meerschweinchen, mit Hühnern und später auch mit Pferden. In der Nachbarschaft im Dorf gab es Kühe, Schweine und Schafe. Ziegen waren im bäuerlichen Niederbayern in der Nutztierhaltung eher nicht so ganz standesgemäß. Einen Großteil der Zeit verbrachten die Nutztiere im Freien auf der Weide. Kamen Kinder zu ihnen, liefen sie ihnen entgegen, auch die Schweine, was immer ein Vergnügen war. Fast jeder Bauernhof hatte außer Hühnern, die stets vorhanden waren, viele Tauben, manche auch Enten, Gänse, Truthühner und Pfauen. Doch ich muss zugeben, dass mich all diese Tiere wenig bis gar nicht interessierten, meine Katze(n) und die beiden Hunde, die ich in meiner Kindheit und Jugend für kurze Zeit hatte, natürlich ausgenommen. Das Gegebene nahm ich als gegeben hin. Es weckte kein Interesse, außer Unmut darüber, dass Kühe oder Pferde, die einen Wagen zu ziehen hatten, unablässig geschlagen wurden. Auch die Hofhunde im Dorf interessierten mich nicht. Es galt lediglich die ›braven‹ von den Beißern zu unterscheiden und Letztere zu meiden. Sie hingen ohnehin an der Kette. Was mich anzog und Zoologe werden ließ, das waren die Wildtiere, die Vögel vor allem und die Schmetterlinge. Erst in der Rückschau wurde mir klar, wie stark doch die Haustiere und auch die Nutztiere der Nachbarschaft auf meine Empfindungen den Tieren gegenüber gewirkt hatten. Die Katzen gehörten zum Leben; die Hundejahre lehrten mich mehr als all das, was über Hunde zu lesen war. Der große Schäferhund, ein bestens ausgebildeter Polizeihund, war keine lebende Maschine, deren Verhalten sich nach den eingebläuten Regeln der Dressur abspulte, sondern nach kurzer Zeit ein Kumpan mit individuellen Vorlieben. So fuhr er sehr gern mit dem Boot auf dem Fluss mit und rückte dabei zur vordersten Spitze des Bugs, sodass er gerade noch sitzen konnte. Er ›rettete‹ mich, wenn ich unvermittelt ins Wasser sprang, schwamm sehr gern mit mir, und im Winter zog er mich an langer Leine mit dem Fahrrad kilometerweit übers Eis. Doch in den

Jugendjahren war ich nicht reif genug, das Verhalten dieses sicherlich sehr guten Hundes genauer zu betrachten, geschweige denn zu erforschen. Das wurde mir bewusst, als wir uns vor gut einem Jahrzehnt wieder einen Hund zugelegt haben. Seine mitunter kaum glaublich subtile Art, unser Verhalten richtig zu deuten oder zu lenken, zeichnet sicher nicht nur ihn, diesen unseren Hund aus, sondern kann gewiss als hundetypisch gelten, gute Haltung vorausgesetzt. Kein anderes Tier, auch ein Menschenaffe nicht, kann so sehr und so präzise auf den Menschen eingehen wie der Hund. Schon allein deshalb lohnt die wissenschaftliche Erforschung der Beziehung des Hundes zum Menschen so sehr. Die des Pferdes steht kaum nach. Und ähnlich intensiv könnte das Leben eines Schweins mit den Menschen ausfallen, ließen wir das zu. Jede/r kann hier ihr/sein Lieblingstier anschließen. Rückblickend bedauere ich, dass ich mich, wie die allermeisten Zoologen auch, jahrzehntelang so gut wie gar nicht mit Haustieren befasst habe. Umso mehr betone ich nun, dass Zoologen profunde Kenntnisse von Haustieren brauchen. Und dass sie den großen Erfahrungsschatz nutzen sollten, den die ›Amateure‹ gesammelt haben. Wir als professionelle Zoologen sollten keinesfalls hochmütig herabsehen auf die Beobachtungen und Deutungen von Laien, mögen auch manche viel zu stark vermenschlicht sein. Das Gegenteil, die ›Versachlichung‹ von Tieren, die sie letztlich zu Automaten degradiert, ist mindestens genauso verkehrt, wenn nicht noch schlimmer.

Daher ist es mir ein Anliegen, für mehr Beachtung der Lebensäußerungen von Haustieren zu werben. Ihr Leben bei und mit uns verdient es, ernst genommen zu werden. Es geht nicht an, sie nur als Quelle von Fleisch, Milch oder Federn und Häuten oder als Spielzeug zu betrachten. Sie leben, und dieses Leben ist nicht grundsätzlich anders als unseres. Deshalb sind mir all jene lieber, die Tiere vermenschlichen, weil sie diese damit aufwerten, als die allzu ›Sachlichen‹, die in den Tieren nur Geldwert und Rendite sehen.

Dank

Dem Verlag Matthes & Seitz Berlin danke ich für die Aufnahme dieses Buches ins Programm, speziell in die von Judith Schalansky herausgegebene, so besondere Buchreihe *Naturkunden*. Es ist keine billige Phrase zu betonen, dass die Zusammenarbeit, besonders mit Lektor Tilman Vogt, sehr angenehm verlaufen ist und mich stets motiviert hat. Das Buch erscheint begleitend zur außerordentlich beeindruckenden Haustier-Ausstellung im Deutschen Hygiene-Museum Dresden; ein weiterer gewichtiger Grund zu danken. Schließlich ist es mir ein Anliegen, all den Tieren zu danken, die ich im Lauf meines Lebens gehalten habe, weil ich mit ihnen so viel Freude hatte und so viel von ihnen lernte. Da dies nicht direkt geht, kann ich nur hoffen, ihnen das Leben bei und mit uns so gut wie möglich gestaltet zu haben.

Das Buch widme ich meiner Frau Miki Sakamoto-Reichholf. Unser Hund himmelt sie an – und das kann ich absolut nachvollziehen. Dass ich ihr meine Dankbarkeit bei Weitem nicht Tag für Tag so gut ausdrücken kann wie der Hund, spricht für ihn und für die Feinfühligkeit der Hunde ganz allgemein. Man(n) kann von ihnen viel lernen.

Literatur

Über Haustiere ist so viel geschrieben worden, dass ein Leben nicht ausreicht, alles zu lesen. Doch noch so viele Bücher würden nicht im Mindesten eigene Erlebnisse und Erfahrungen mit unseren tierischen Hausgenossen ersetzen, können diese jedoch vertiefen und verständlich machen. Denn niemand ist in der Lage, auf Anhieb alle Verhaltensweisen und biologischen Besonderheiten von Haustieren richtig zu deuten. Das gilt für die Fachleute gerade so wie für uns alle. Wir brauchen Informationen und stützen uns auf vorhandene Erfahrungen. Dass diese nicht unumstößlich gültig sind, versteht sich von selbst. Denn so, wie wir stets dazulernen, wächst das Wissen ganz allgemein. Deshalb ist eine Klarstellung nötig. Bei der nachfolgend aufgeführten Literatur handelt es sich um eine sehr persönliche Auswahl. Andere würden in den Texten vieles anders dargestellt haben. Manches wird man vermissen oder auch besser wissen. Das ist normal, denn nur durch Hinterfragen und Infragestellen gewinnen wir besseres Wissen. Aus der Fachliteratur schöpfen wir Anregungen, selber genauer hinzusehen und eigene Überlegungen anzustellen. Daher stellt das Literaturverzeichnis für mich so etwas wie eine erweiterte Danksagung dar. In diesem Sinne soll es auch verstanden werden. Die hinzugefügten Kommentare mögen es erleichtern, abzuschätzen, was in den Büchern zu finden ist. Selbstverständlich werden diese in ihrer Kürze dem tatsächlichen Inhalt nicht gerecht. Die verschiedenen Arten der Nutz-, Heim- und mitbewohnenden Haustiere sind in der Literatur recht unterschiedlich repräsentiert. Das entspricht in etwa auch ihrer öffentlichen Wahrnehmung. Aspekte der rein wirtschaftlichen Nutzung von Haustieren und streng wissenschaftlichen Forschungen an ihnen wurden nicht behandelt. Entsprechende Hinweise fehlen daher im Buch wie auch im Literaturverzeichnis. Dem Internet sind inzwischen nahezu alle gesuchten Informationen zu entnehmen. Bei den schnellen Veränderungen, die sich im dort abgelegten Wissen ergeben, wurde auf Links verzichtet. Bücher können und sollen davon ohnehin nicht ersetzt werden.

BARBER, Joseph (Hg.): *Das Huhn. Geschichte, Biologie, Rassen,* Bern 2013. – Ein zur eigenen Haltung anregender Überblick über das Haushuhn und wie man mit ihm umgehen sollte.

BENECKE, Norbert: *Der Mensch und seine Haustiere. Die Geschichte einer jahrtausendealten Beziehung,* Stuttgart 1994. – Standardwerk; sehr gehaltvoll, auch in Bezug auf die Fachliteratur zur Domestikation.

BLOCH, Günther und Elli H. Radinger: *Der Wolf kehrt zurück. Mensch und Wolf in Koexistenz?,* Stuttgart 2017. – Aktuelles Buch zur Problematik der Wölfe in der Kulturlandschaft, das auf viel Eigenerfahrung der beiden Wolfsforscher basiert. Erleben wir gerade eine erneute Annäherung der Wölfe an die Menschen?

BOESSNECK, Joachim: *Die Tierwelt des Alten Ägypten,* München 1988. – Im Alten Ägypten war in großem Stil versucht worden, weitere Tierarten zu domestizieren.

BRANDSTETTER, Johann und Josef H. Reichholf: *Symbiosen. Das erstaunliche Miteinander in der Natur,* Berlin 2017. – Die Haustierwerdung war der Weg in die Symbiose mit den Menschen. Als Mitessertum (Kommensalismus) fing er an und mündete häufig in parasitischer Ausnutzung der Tiere.

BULLIET, Richard W.: *The Camel and the Wheel,* Cambridge, MA 1975. – Am Kamel, in unserem Buch nicht behandelt, wird erläutert, warum manche Tiere die (viel) besseren Transportmittel sind. Daraus ergeben sich Rückschlüsse auf die Bedeutung der Mobilität mit Pferden; ein Musterbeispiel für integriert kulturgeschichtlich-biologisch-ökologische Forschung!

CLUTTON-BROCK, Juliet: *Domesticated Animals From Early Times,* London 1981. – Standardwerk zur Domestikation.

COPPINGER, Raymond und Lorna Coppinger: *Dogs. A New Understanding of Canine Origin, Behavior, and Evolution,* Chicago 2001. – Die Coppingers stellen die gängige Sicht zur Domestikation des Wolfes infrage und begründen ausführlich dessen Selbstdomestikation zum Hund.

COPPINGER, Raymond und Lorna Coppinger: *What Is a Dog?,* Chicago 2016. – Was ein Hund ist, lässt sich weniger klar beantworten, als es scheint, weil global der größere Teil der Hunde mehr oder weniger frei als Streuner/Paria lebt. Deren Verhalten macht die Hundwerdung des Wolfes besser verständlich. Ein sehr spannendes Buch!

CROSBY, Alfred W.: *Die Früchte des Weißen Mannes. Ökologischer Imperialismus 900–1900,* Darmstadt 1991. – Es waren auch ganz wesentlich die Haustiere (und Krankheiten) und nicht allein überlegene Waffen, die den Europäern die Eroberung der für sie neuen Welten ermöglichte, so die Kernthese dieses Buches.

DANNENBERG, Hans-Dieter: *Schwein haben. Historisches und Histörchen vom Schwein,* Jena 1990. – Amüsant und informativ; ein Lesevergnügen (so man das Büchlein noch findet!).

DAWKINS, Marian Stamp: *Die Entdeckung des tierischen Bewusstseins,* Heidelberg 1994. – Meilenstein unter den Büchern aus der Verhaltensforschung, die sich vom allzu Sachlich-Mechanistischen abwenden und den Tieren mehr Eigenleben zubilligen.

DERR, Mark: *How the Dog Became the Dog. From Wolves to Our Best Friends,* London 2011. – Fossile und kulturgeografische Spurensuche zur Entstehungsgeschichte des Hundes, teilweise bestätigt durch die neuen molekulargenetischen Befunde, aber auch infrage gestellt.

DIAMOND, Jared: *Arm und Reich. Das Schicksal menschlicher Gesellschaften,* Frankfurt/M. 1998. – Warum die meisten großen Säugetierarten niemals domestiziert wurden und die Gründe der Ausbreitung der Landwirtschaft in bestimmten Regionen versucht der Autor ökologisch-historisch zu begründen.

FÜRSTAUER, Johanna: *Wie kam die Katze auf das Sofa? Eine Kulturgeschichte,* Wien 2011. –

Reizvolle kulturgeschichtliche Betrachtung des Schmusetiers Katze.

FUHR, Eckhard: *Rückkehr der Wölfe. Wie ein Heimkehrer unser Leben verändert,* München 2014. – Ausgewogene Darstellung der Problematik, in der jedoch der Hund nicht berücksichtigt wird. Dabei werden ungleich mehr Menschen von Hunden angefallen, gebissen und sogar getötet als von Wölfen.

GARBER, Marjorie: *Die Liebe zum Hund. Beschreibung eines Gefühls,* Frankfurt/M. 1997. – Ein ganz ungewöhnlich offenes Buch über den Hund, das in Kreisen der Hundehalter und darüber hinaus bekannt sein sollte. Es macht betroffen, und man wird beide Beteiligten, die Menschen und die Hunde, besser verstehen.

HAAG, Daniel-Wackernagel: *Die Taube. Vom heiligen Vogel der Liebesgöttin zur Straßentaube,* Basel 1998. – Sie sind nicht einfach Fassadenverschmutzer oder ›Ratten der Lüfte‹, die Tauben, sondern besondere Vögel, die bezeichnenderweise im Vorderen Orient hochgeschätzt sind und nicht nur als gebratene Täubchen oder Nachrichtenüberbringer angesehen werden. Darwin verdankt den Tauben und ihren Züchtern wichtige Bausteine für seine Evolutionstheorie.

HEMMER, Helmut: *Domestikation. Verarmung der Merkwelt,* Braunschweig 1983. – ›Klassisch‹-wissenschaftliche Darlegung der Kenntnisse zum Vorgang der Domestikation; aufschlussreich auch im Vergleich zur heutigen Sicht. So sind die domestizierten Tiere nicht einfach ›dümmer‹ geworden, sondern um- und eingestellt auf andere Lebensbedingungen.

HERRE, Wolf und Manfred Röhrs: *Haustiere – zoologisch gesehen,* Stuttgart 1973. – Das Buch, das mein fachliches Interesse an Haustieren weckte.

HOHMANN, Ulf und Ingo Bartussek: *Der Waschbär,* Reutlingen 2001. – Eine der gründlichsten und am wenigsten beachteten Untersuchungen zum »Banditen mit der schwarzen Maske«, der angeblich Deutschlands Natur bedroht. Die für die Umweltverwaltung Verantwortlichen sollten auch einmal so ein Buch lesen!

INEICHEN, Stefan, Bernhard Klausnitzer und Max Ruckstuhl: *Stadtfauna. 600 Tierarten unserer Städte,* Bern 2012. – Nicht nur der immense Artenreichtum der Tierwelt, die in Städten lebt, erschließt sich aus diesem einzigartigen Buch, sondern auch die Vielfalt der Lebensformen, die mit der Menschenwelt zurechtkommen. Für das Erkennen unserer tierischen Mitbewohner ein unentbehrliches Nachschlagewerk.

KOTRSCHAL, Kurt: *Einfach beste Freunde. Warum Menschen und andere Tiere einander verstehen,* Wien 2014. – Der Untertitel drückt präzise aus, worum es geht. Das vielleicht wichtigste, auf jeden Fall aktuellste Buch zur Mensch-Tier-Beziehung und zudem ein Lesevergnügen.

KOTRSCHAL, Kurt: *Wolf, Hund, Mensch. Die Geschichte einer jahrtausendealten Beziehung,* München 2014. – Zusammenfassung der Ergebnisse aus dem Wolfsforschungszentrum Ernstbrunn bei Wien. Unbedingt nötig zum Verständnis der Hundwerdung des Wolfes und zur Deutung des Wolfsverhaltens.

LORENZ, Konrad: *So kam der Mensch auf den Hund,* München 1960/1983. – Der Klassiker unter den Hundebüchern, höchst amüsant geschrieben vom Verhaltensforscher und Nobelpreisträger, aber von neuen Forschungen überholt. Dennoch unbedingt lesenswert.

MACHO, Thomas: *Schweine. Ein Portrait,* Berlin 2015. – ›Saugut‹ auf derb bayrisch; ein beglückendes kleines Büchlein.

MÜNCH, Paul (Hg.): *Tiere und Menschen. Geschichte und Aktualität eines prekären Verhältnisses,* Paderborn u. a. 1998. – Anspruchsvolle kulturhistorische Betrachtungen.

OESER, Erhard: *Hund und Mensch. Die Geschichte einer Beziehung,* Darmstadt 2004. – Ausgehend von der Frage nach dem Bewusstsein der Tiere behandelt der Autor kulturhistorisch die Hundwerdung des Wolfes, seine

Funktion als Jagdgenosse, Kampf- und Kriegshund, Versuchstier und (Mit-)Eroberer.

OESER, Erhard: *Pferd und Mensch. Die Geschichte einer Beziehung,* Darmstadt 2007. – Behandlung des Pferdes, dem Hundebuch entsprechend. Kompakt und kompetent.

OTTERSTEDT, Carola und Michael Rosenberger (Hg.): *Gefährten – Konkurrenten – Verwandte. Die Mensch-Tier-Beziehung im wissenschaftlichen Diskurs,* Göttingen 2009. – Tagungsband mit breitem Themenspektrum von der Evolution, Psychologie und Medizin bis zu den Kultur- und Rechtswissenschaften.

OWENS, Paul: *Der Hundeflüsterer. Sanfte Hundeerziehung, erfolgreiche Kommunikation, vertrauensvolles Miteinander,* Stuttgart 2005. – Der Untertitel sagt's.

PERSON, Jutta: *Esel. Ein Portrait,* Berlin 2013. – Hinreißende Einführung über die Esel und Charakterisierung der verschiedenen Arten, Rassen und Hybriden.

RAULFF, Ulrich: *Das letzte Jahrhundert der Pferde. Geschichte einer Trennung,* München 2015. – Faszinierende kultur- und nutztiergeschichtliche Behandlung des Pferdes, bezogen auf das 19. und 20. Jahrhundert und den einschneidenden Wandel, den die letzten Jahrzehnte gebracht haben. In unserer Zeit geht es den Pferden so gut wie noch nie.

REICHHOLF, Josef H.: *Einhorn, Phönix, Drache. Woher unsere Fabeltiere kommen,* Frankfurt/M. 2012. – Am Einhorn lässt sich, so die Ansicht des Autors, die Problematik der Haustierwerdung gut nachvollziehen.

REICHHOLF, Josef H.: *Warum die Menschen sesshaft wurden. Das größte Rätsel der Geschichte,* Frankfurt/M. 2008. – Ackerbau und Viehzucht veränderten die Lebensweise von Grund auf. Die Menschen domestizierten sich dabei selbst. Die meisten Haustiere entstanden in der Anfangszeit der Sesshaftwerdung.

SAFINA, Carl: *Die Intelligenz der Tiere. Wie Tiere fühlen und denken,* München 2017. – *Beyond words,* jenseits der Worte, lautet der englische Originaltitel dieser eminent wichtigen Neuerscheinung, die uns Tiere viel näher rückt, als erklärte Tierfreunde zu hoffen wagen. Ein großes Kapitel ist dem Wolf/Hund gewidmet.

SCHÖNBERGER, Alwin: *Die einzigartige Intelligenz der Hunde,* München 2006. – Behandelt nicht nur die tatsächlich phänomenalen Leistungen, sondern auch die Evolution und den vielfältigen Einsatz der Hunde.

SCHWEISFURTH, Karl Ludwig: *Tierisch gut. Vom Essen und Gegessenwerden,* Frankfurt/M. 2010. – Über artgerechte Haltung von Schweinen und die Einstellung zu Tieren, die gegessen werden. Wegweiser zu einer anständigen, symbiotischen Landwirtschaft, die Schweisfurth auf seinem großen Besitz auch praktiziert.

SERPELL, James: *Das Tier und wir. Eine Beziehungsstudie,* Rüschlikon-Zürich 1990. – Eines der grundlegenden Werke zur Mensch-Tier-Beziehung, das maßgeblich zu Verbesserungen im Tierschutz (›artgerecht‹) beigetragen hat.

SEZGIN, Hilal: *Artgerecht ist nur die Freiheit. Eine Ethik für Tiere oder Warum wir umdenken müssen,* München 2014. – Überzeugendes Plädoyer. Wer Fleisch isst, sollte es lesen.

SHEPARD, Paul: *The Others. How Animals Made Us Human,* Washington D.C. 1996. – Dass wir Menschen so geworden sind, wie wir sind, hing eng mit Tieren zusammen. Sie beeinflussten nachhaltig unsere Evolution. Ein eminent wichtiges Werk zum Verständnis unserer Beziehungen zu Tieren und auch für das Selbstverständnis als Mensch.

SHIPMAN, Pat: *The Invaders. How Humans and Their Dogs Drove Neanderthals to Extinction,* Cambridge, MA 2015. – Wie im Untertitel angegeben, erklärt die Autorin das Aussterben der Neandertaler mit der übermächtigen Konkurrenz des aus Afrika eingewanderten *Homo sapiens,* der durch Hunde bzw. Hundswölfe ein so effizienter Jäger wurde. Eine umstrittene, aber reizvolle Theorie.

SPY-MARQUÉS, Pía: *Pig/Pork. Archaeology, Zoology and Edibility,* London 2017. – Alles vom und ums Schwein, kompakt, flott geschrieben und höchst nachdenklich stimmend, so mein Spontanurteil, nachdem ich das Buch gerade nach Abschluss des Manuskripts zu den Haustieren erhalten und gelesen hatte.

TABOR, Roger: *The Wildlife of the Domestic Cat,* London 1983. – Eine der ersten ausführlichen Studien zum Leben frei laufender Hauskatzen. Räumte mit vielen Fehleinschätzungen und Missverständnissen auf. Nach wie vor sehr empfehlenswert, wenngleich auf britische Verhältnisse bezogen.

TRUMLER, Eberhard: *Hunde ernst genommen. Zum Wesen und Verständnis ihres Verhaltens,* München 1974. – Klassiker aus der Schule von Konrad Lorenz mit interessanten Kontrasten zum Buch über den Hund von Erik Zimen, gleichfalls Lorenz-Schüler.

TURNER, Dennis und Patrick Bateson (Hg.): *Die domestizierte Katze. Eine wissenschaftliche Betrachtung ihres Verhaltens,* Rüschlikon-Zürich 1988. – Über Jugendentwicklung der Kätzchen, das Sozialleben, den Beutefang und die Beziehung zum Menschen. Qualitativ hochwertige Fachbeiträge.

ZIMEN, Erik: *Der Hund. Abstammung, Verhalten, Mensch und Hund,* München 1988/2010.

ZIMEN, Erik: *Der Wolf. Verhalten, Ökologie und Mythos,* München 1990/1993. – Der Wolfsforscher und Hundehalter prägte mit diesen beiden Büchern die Ansichten über den Wolf und den Hund im ausgehenden 20. Jahrhundert. Dass einige Aspekte inzwischen revidiert werden mussten, schmälert nicht die Bedeutung seiner Untersuchungen.

(Für Fehlendes bitte ich um Nachsicht; es hätte noch so viel gegeben, was ›unbedingt‹ zu berücksichtigen gewesen wäre. Entdecken Sie es selbst!)

JOSEF H. REICHHOLF 1945 in Aigen am Inn geboren, studierte Biologie, Chemie, Geografie und Tropenmedizin. Bis 2010 leitete Reichholf die Sektion Ornithologie und die Hauptabteilung Wirbeltiere an der Zoologischen Staatssammlung in München. Über viele Jahre lehrte er Evolutionsbiologie, Tiergeografie, Ökologie und Naturschutz an beiden Münchner Universitäten. Er verfasste mehr als vierzig Bücher und wurde mit zahlreichen Preisen ausgezeichnet, u. a. mit dem Sigmund-Freud-Preis für wissenschaftliche Prosa. In der Reihe NATURKUNDEN veröffentlichte er zuletzt zusammen mit Johann Brandstetter: *Symbiosen. Das erstaunliche Miteinander in der Natur.*

NATURKUNDEN NO. 39
Zweite Auflage Berlin 2018

NATURKUNDEN
herausgegeben von Judith Schalansky
erscheinen bei Matthes & Seitz Berlin
ermöglicht durch Jan Szlovak, Hamburg

MSB Matthes & Seitz Berlin Verlagsgesellschaft mbH
Göhrener Straße 7, 10437 Berlin
info@matthes-seitz-berlin.de
info@naturkunden.de

EINBAND UND TYPOGRAFIE Pauline Altmann, Berlin
durchgesehen von Judith Schalansky
ILLUSTRATION Falk Nordmann, Berlin
SCHRIFT Clifford Pro von Akira Kobayashi & Predige Rounded von Nico Inosanto
HERSTELLUNG Hermann Zanier, Berlin
PAPIER 115 g/m² Schleipen Fly 05 spezialweiß, 1,2 faches Volumen
DRUCK UND BINDUNG Pustet, Regensburg

ISBN 978-3-95757-462-6

www.naturkunden.de
www.matthes-seitz-berlin.de